〔韩〕C2M教育研究所/编　　〔韩〕赵润雨/译

空间思维

培养全书

1-3 平面规则 图形制作

1级

山东人民出版社·济南

国家一级出版社 全国百佳图书出版单位

《空间思维培养全书》

图形学习法

　　追求快速而准确的运算、对公式死记硬背与"套用"，将这样的学习方法作为重中之重的数学教育时代似乎正接近尾声。当下，只要掌握了最基础的数学原理以及搜索引擎的使用方法，我们就可以比以往任何时候都更加轻松、简单地求解一些数学问题。尽管如此，在数学领域中仍然有很多只能依靠人类的亲身经验与独立思考，而不是通过计算器或简单的搜索才能解决的问题。

　　相较于数理能力或语言能力，孩子们掌握的空间能力与他们在未来的创造力、革新能力方面的关系更加紧密。这里所说的空间能力，是指对二维或三维物体进行视觉化或操作的能力。但最大的问题在于，相比其他能力来说，空间能力的学习很难在短时间内得到有效提高。

　　2022年版义务教育数学课程标准确立了数学课程核心素养，其中，空间观念是数学核心素养的主要表现之一。空间观念有助于孩子们理解现实生活中空间物体的形态与结构，是形成空间想象力的经验基础。不过，不同的先天能力以及婴幼儿时期相异的学习经历，自然会导致孩子们在空间能力的掌握方面出现巨大的差距。而目前的现实是，关于空间能力的学习大多只是对不同图形或空间的简单体验，没有进一步提供解决空间问题所需的方法论或更多的实践。

这种情况带来的后果，就是在掌握空间能力方面，不同学生之间的差距越来越大，最终导致一些孩子因不熟悉图形而出现惧怕学习数学的现象。

基于这样的问题意识，我们在孩子们认识、学习图形的三个阶段中，选取了培养空间能力最为关键的学前、小学阶段，针对性地研发了新型图形练习书《空间思维培养全书》。编写团队以儿童的年龄特点以及学前教育、小学课程中的核心图形原理为基础，设计了更加科学、系统的图形学习方法，将图形细分为"平面规则""图形制作""立体设计""空间认知"四大类别，循序渐进地提升孩子的空间智能，帮助孩子轻松打好数学学习的基础。

由于20世纪的人们在解决数学问题时更多地需要亲自计算，因此之前的数学教育更加侧重数理能力的学习。与此相反，在当今社会，利用空间能力来设计可知的未来将成为之后数学教育的新目标。然而，对于没有既定公式或指定解题方法的图形学习来说，许多孩子感到不知所措。我们期待《空间思维培养全书》图形练习书可以在空间能力提升方面为这些孩子提供学习指南。

第一阶段
婴幼儿~小学低年级
以教学用具等实物为主的体验式学习

第二阶段
幼儿~小学高年级
解决问题的各阶段图形类型练习

第三阶段
小学高年级~初中
提升预测空间变化的思维能力

目录

1级

空间思维
培养全书

1-3　平面规则

《空间思维培养全书》的结构与学习方法

· 每天花10分钟完成2页图形练习，轻松无负担！
· 每周5天进行每日练习，第5天再对每周重点图形进行巩固练习。
· 共5回评价测试，逐步提升空间能力！

每周学习内容

→ **每日练习：**
"小数学家"们的重点练习，通过给出的提示完成阶段性学习。

← **巩固练习：**
复习重点内容，完成一周的学习。

第1周	第1天	第2天	第3天	第4天	第5天/巩固练习
	第4~5页	第6~7页	第8~9页	第10~11页	第12~14页

第2周	第1天	第2天	第3天	第4天	第5天/巩固练习
	第16~17页	第18~19页	第20~21页	第22~23页	第24~26页

第3周	第1天	第2天	第3天	第4天	第5天/巩固练习
	第28~29页	第30~31页	第32~33页	第34~35页	第36~38页

第4周	第1天	第2天	第3天	第4天	第5天/巩固练习
	第40~41页	第42~43页	第44~45页	第46~47页	第48~50页

评价测试内容

→ **评价测试：**
对4周的学习内容进行评价，看看自己在哪一方面还存在不足。

评价测试

第1回	第2回	第3回	第4回	第5回
第52~53页	第54~55页	第56~57页	第58~59页	第60~61页

第1周

画一画

连成三角形

✎ 按照 "1-2-3-1" 的顺序，将点连在一起。

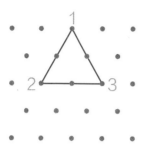

三角形有3个角，顶点和围成三角形的线段数量都是3。

❶

2
1 · · 3

❷

3
2 · · · 1 ·

❸

1 · · 2
3

❹

1
2 · · 3

5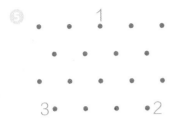

6

7

8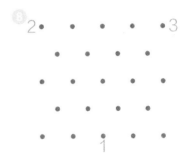

9

10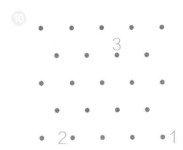

　　连成四边形

✏️ 按照 "1－2－3－4－1" 的顺序，将点连在一起。

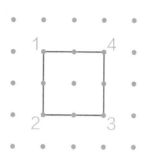

四边形有 4 个角，顶点和围成四边形的线段数量都是 4。

⑤

2 1

3 4

⑥

4 1

3 2

⑦

4 3

1 2

⑧

1 4

2 3

⑨

3 2

4 1

⑩4 3

1 2

第**3**天　画出相同的三角形

按序号分别在格子内画出与左边相同的三角形。

想画出相同的三角形，就要先找到三角形 3 个顶点所在的位置。

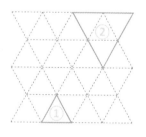

①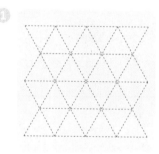

②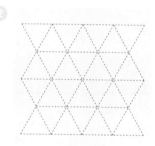

③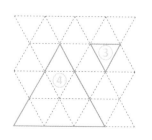

④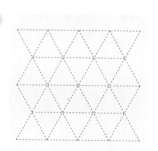

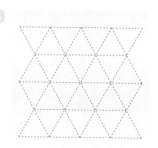

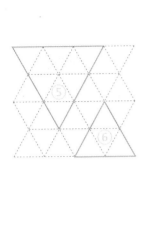

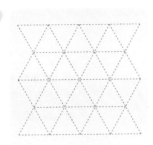

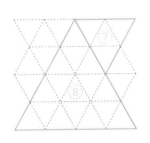

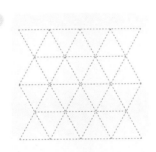

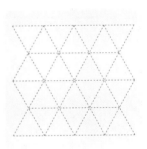

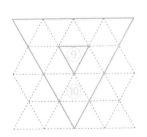

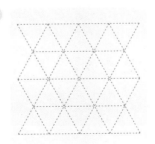

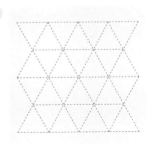

画出相同的四边形

◆ 按序号分别在格子内画出与左边相同的四边形。

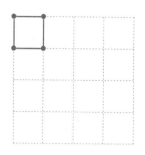

找到每个四边形的 4 个顶点，就可以画出相同的四边形了。

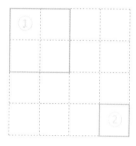

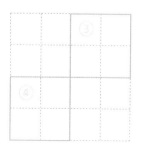

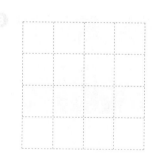

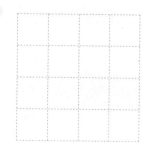

✏️ 画1个圆形，使其正好经过图中标出的点。

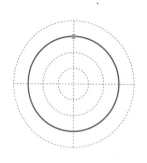

从图中给出的点出发，沿着虚线画一圈，最后回到出发点，就完成了。

❶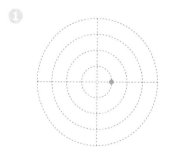

❷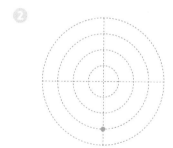

❸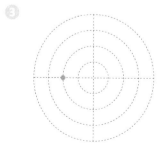

❹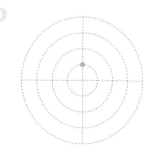

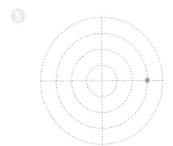

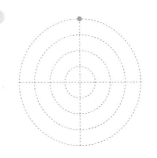

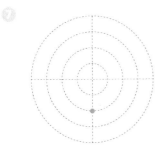

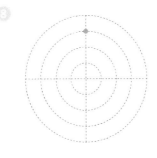

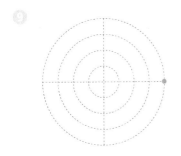

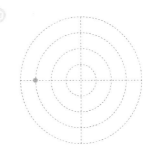

巩固练习

按照 "1-2-3-1" 的顺序，将点连在一起。

①
```
·   ·   ·   3   ·
  ·   ·   ·   ·
·   · 2 ·   · 1
  ·   ·   ·   ·
·   ·   ·   ·
```

②
```
·   ·   ·   ·   ·
1 ·   ·   · 2
  ·   ·   ·   ·
·   ·   ·   ·   ·
      3
```

按序号分别在格子内画出与左边相同的四边形。

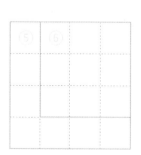

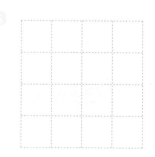

相同的图形

🖊 找出与左边大小相同的图形，并用○标出。

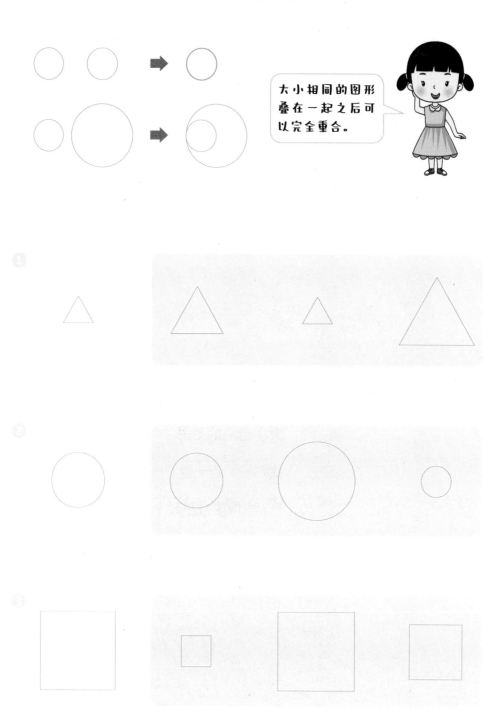

将左右两边大小相同的图形连起来。

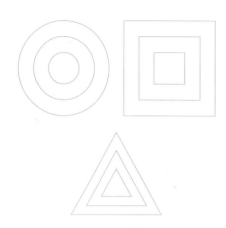

虽然长得很像，但是如果大小不一的话，就不是相同的图形了。

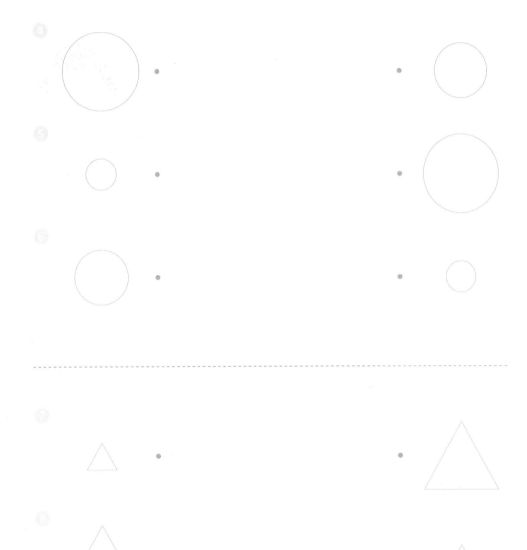

找出与左边形状相同的图形，并用〇标出。

虽然左边几个图形的大小各不相同，但形状都是四边形。

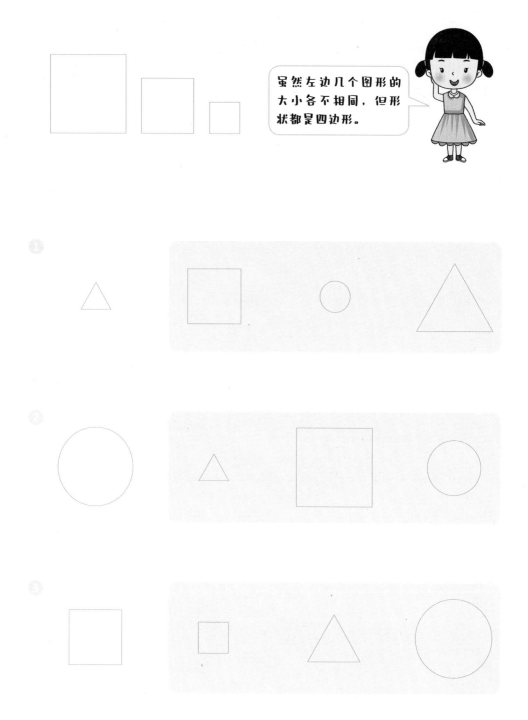

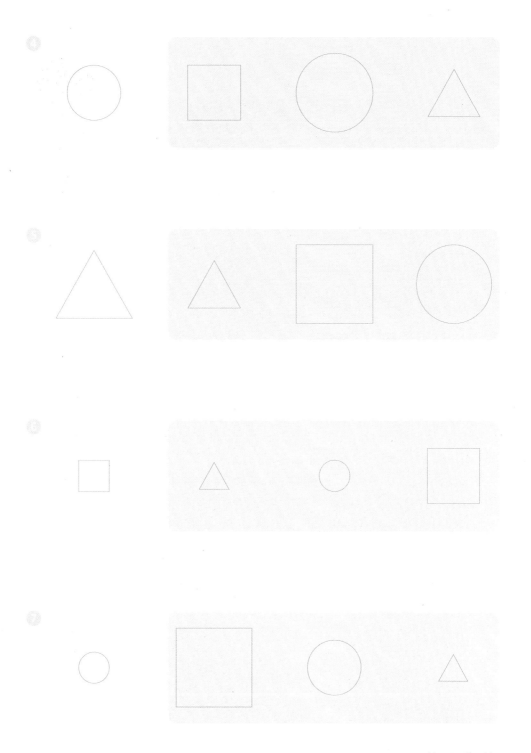

第4天　形状相同的图形（2）

找出与左边形状相同的图形，并用〇标出。

虽然左边几个图形的大小和方向各不相同，但它们都是三角形。

①

②

③

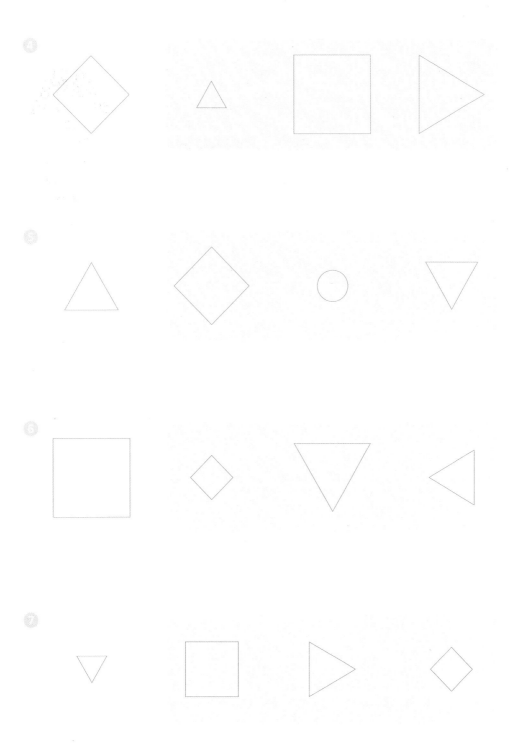

用线将形状相同的图形连起来。

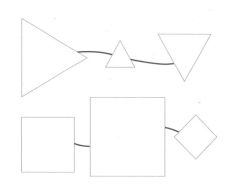

不论大小、方向是否一致，只要形状相同就可以被看作同一种类的图形。

①

②

③

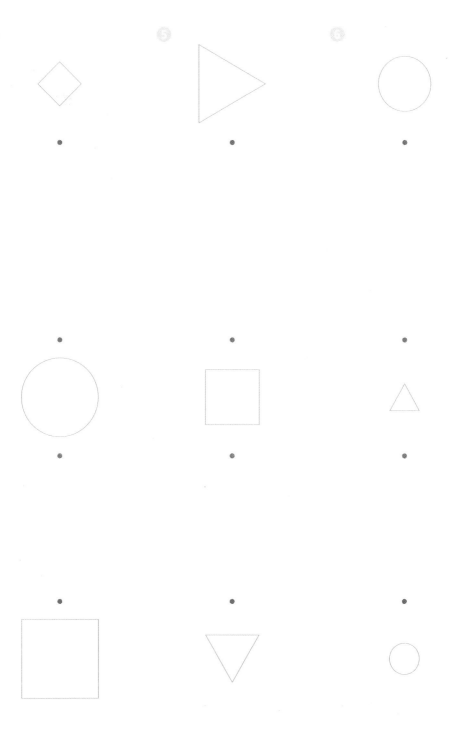

◆ 找出与左边形状相同的图形，并用○标出。

① 　　　

② 　　

◆ 用线将形状相同的图形连起来。

③ 　④ 　⑤

第3周

数一数

数圆形

🖊 找出图中所有的圆形，并将数量填入 ▢ 内。

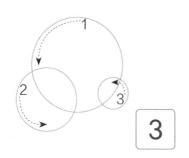

3

数圆形的时候，要注意每条线相交的地方。

❶
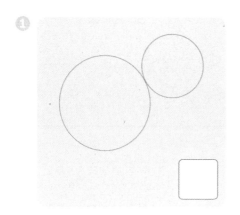

❷
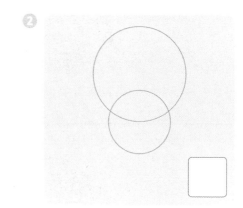

❸
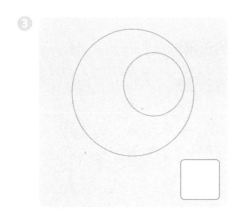

❹
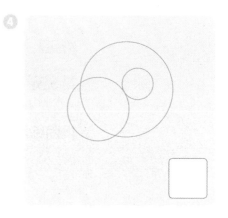

✏️ 找出图中大小相同的三角形，并将数量填入 ☐ 内。

3

先定好一个方向，再数数。

① ☐

② ☐

③  ☐

④ ☐

⑤  ☐

⑥ ☐

第 **3** 天　**大小相同的四边形**

◆ 找出图中大小相同的四边形，并将数量填入 ☐ 内。

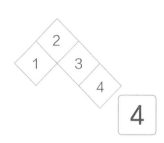

4

注意不要把数过的四边形又数一次。

①

②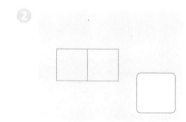

③

④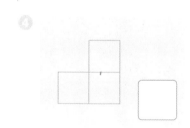

⑤

⑥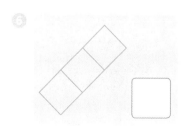

找出图中所有的三角形，并将数量填入 □ 内。

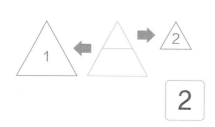

我在左边的图形中找到1个大三角形和1个小三角形！

2

大小不同的四边形

✏️ 找出图中所有的四边形，并将数量填入 ☐ 内。

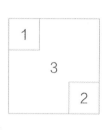

3

我在左边的图形中找到2个小四边形和1个大四边形！

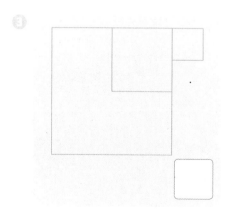

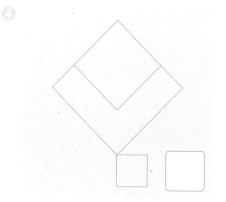

◆ 找出图中大小相同的四边形，并将数量填入 ☐ 内。

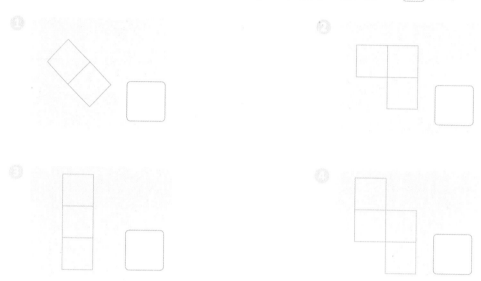

◆ 找出图中所有的三角形，并将数量填入 ☐ 内。

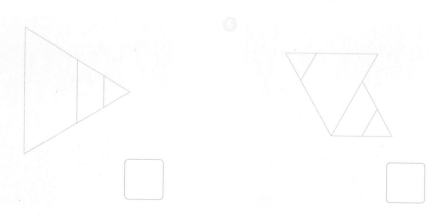

第4周

图形的规律

第 **1** 天　**重复的形状**

◆ 找出下列图形的规律，并在最后画出正确的图形。

三角形和四边形反复交替出现，所以最后应该画一个四边形。

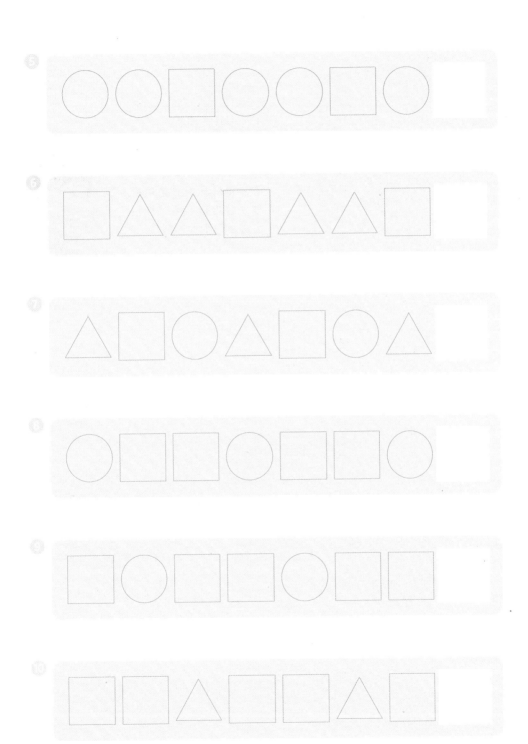

重复的大小

◆ 找出下列图形的规律，并在最后画出正确的图形。

小三角形和大三角形反复交替出现，所以最后应该画一个大三角形。

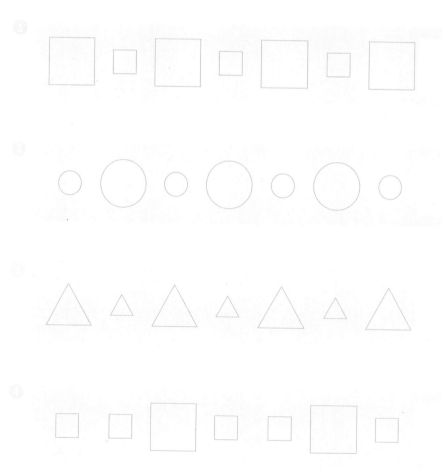

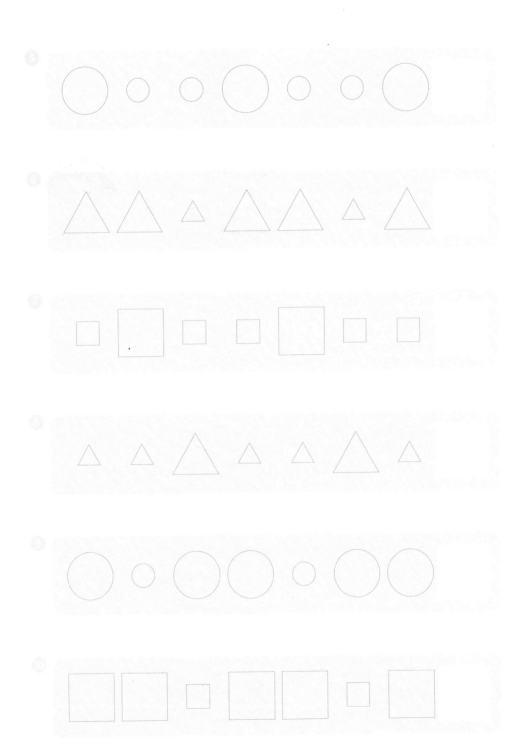

第 **3** 天　**重复的方向**

✎ 找出下列图形的规律，并在最后画出正确的图形。

这些三角形按"上、下、下"的规律重复排列，所以最后应该画一个朝下的三角形。

❶

❷

❸

❹
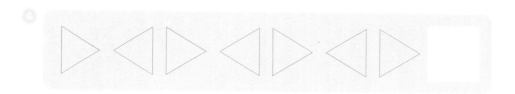

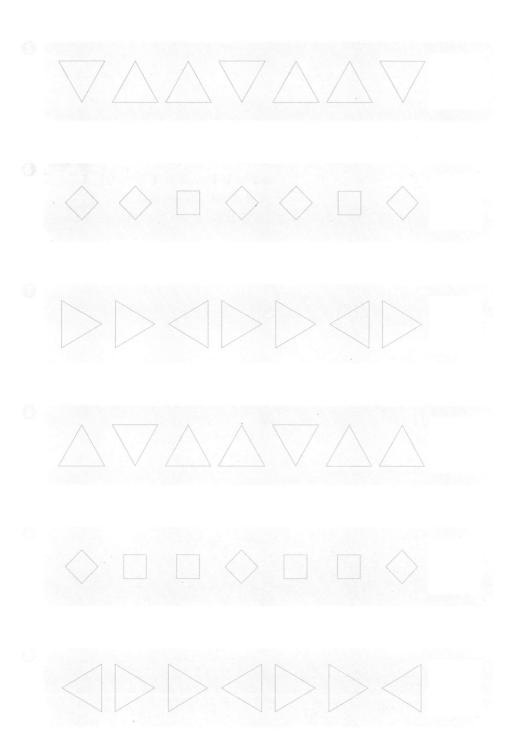

第4天　重复的数量

◆ 找出下列图形的规律，并在最后画出正确的图形。

图形中依次有1个、2个、3个三角形，并且重复排列，所以最后应该画2个三角形。

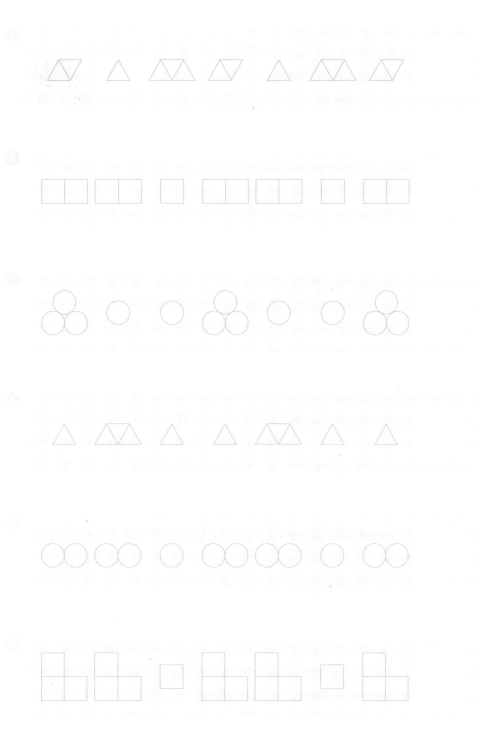

第5天 不同的图形

找出与其他三个不一样的图形，并用 ╳ 标出。

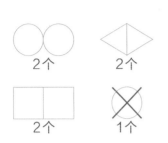

根据形状、大小、方向及数量的不同，找出一个与其他不同的图形吧！

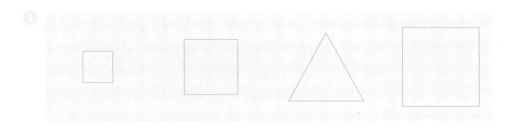

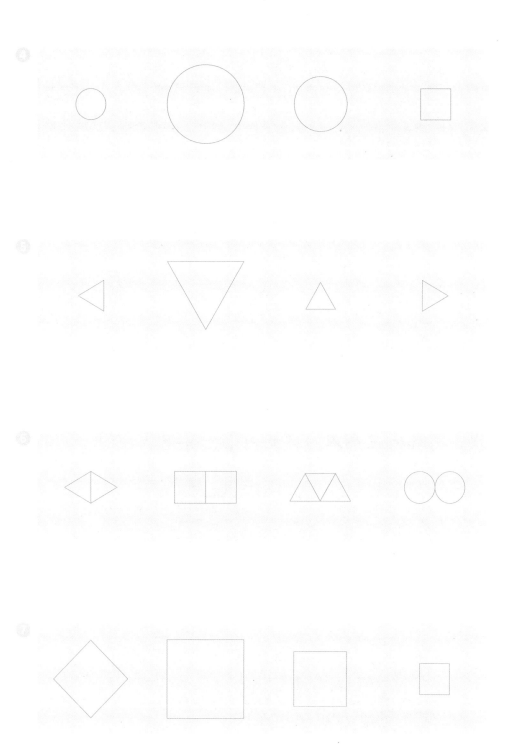

◆ 找出下列图形的规律，并在最后画出正确的图形。

◆ 找出与其他三个不一样的图形，并用 ✕ 标出。

评价测试

此前4周的学习内容会出现在评价测试中。如果题目做错了，请确认是第几周的内容，并认真复习直到学会。

按照 "1-2-3-4-1" 的顺序，将点连在一起。

❶
```
•  •  •  •  •
•  •  •  •  •
•  •  •  •  •
•  3  2  •
•  •  4  1  •
```

❷
```
•  •  •  •  •
•  1  •  •  4
•  •  •  •  •
•  2  •  •  3
```

用线将形状相同的图形连起来。

❸

❹

❺

🔍 找出图中大小相同的三角形，并将数量填入▢内。

⑥

⑦

⑧

⑨

🔍 找出下列图形的规律，并在最后画出正确的图形。

⑩

⑪

⑫

🔍 画1个圆形，使其正好经过图中标出的点。

①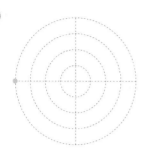

②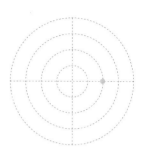

③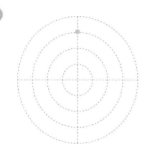

④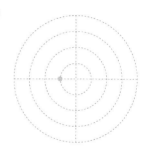

🔍 找出与左边大小相同的图形，并用〇标出。

⑤

⑥

🔍 找出图中所有的三角形，并将数量填入 ▢ 内。

❼

▢

❽

▢

🔍 找出下列图形的规律，并在最后画出正确的图形。

❾

❿

⓫

🔍 按序号分别在格子内画出与左边相同的三角形。

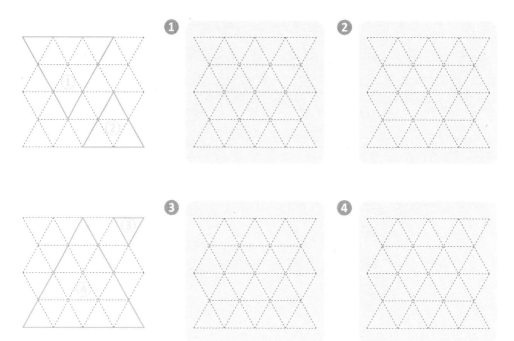

🔍 找出与左边形状相同的图形，并用〇标出。

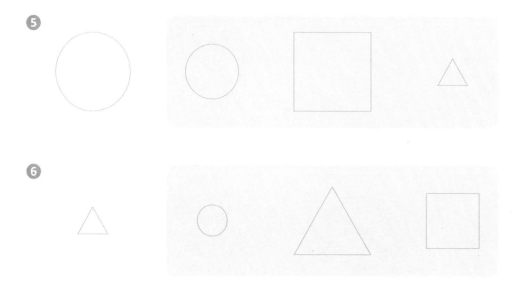

找出图中大小相同的四边形，并将数量填入 ☐ 内。

❼

❽

❾

❿

 找出下列图形的规律，并在最后画出正确的图形。

⑪

⑫

⑬

画1个圆形，使其正好经过图中标出的点。

①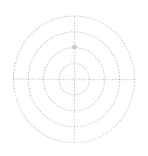

②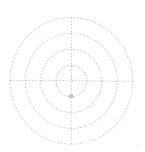

③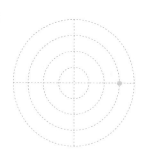

④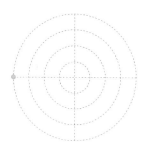

找出与左边形状相同的图形，并用○标出。

⑤

⑥

🔍 找出图中所有的四边形，并将数量填入 ▢ 内。

❼

▢

❽

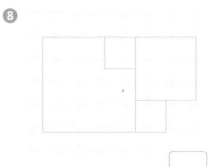

▢

🔍 找出下列图形的规律，并在最后画出正确的图形。

❾

❿

⓫

按照 "1-2-3-4-1" 的顺序，将点连在一起。

用线将形状相同的图形连起来。

🔍 找出图中大小相同的三角形，并将数量填入 ▢ 内。

6  ▢

7  ▢

8  ▢

9 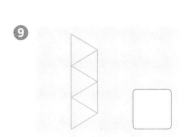 ▢

🔍 找出与其他三个不一样的图形，并用 ✕ 标出。

10

11

1级

空间思维
培养全书

1-3 图形制作

《空间思维培养全书》的结构与学习方法

· 每天花10分钟完成2页图形练习,轻松无负担!
· 每周5天进行每日练习,第5天再对每周重点图形进行巩固练习。
· 共5回评价测试,逐步提升空间能力!

每周学习内容

◀ **每日练习:**
"小数学家"们的重点练习,通过给出的提示完成阶段性学习。

◀ **巩固练习:**
复习重点内容,完成一周的学习。

评价测试内容

◀ **评价测试:**
对4周的学习内容进行评价,看看自己在哪一方面还存在不足。

同样的长度

找出与左边长度相等的线段，并用○标出。

在同一个圆中，连接圆心和圆上任意一点的线段长度都是相等的。

❶

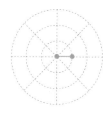 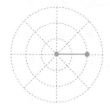  

❷

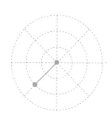 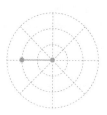 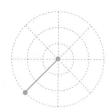 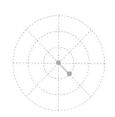

❸

 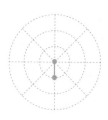 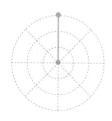 

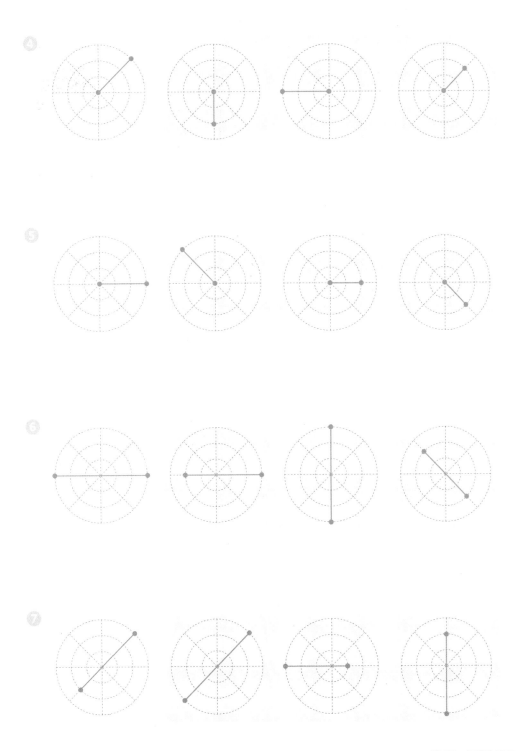

◆ 找出与左边长度相等的线段，并用○标出。

在这个大三角形中每一个小三角形的边的长度都是一样的。

①
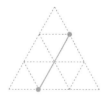 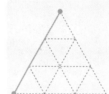 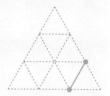

②
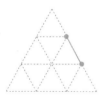 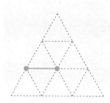 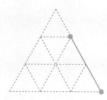 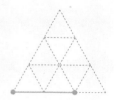

③
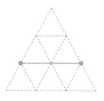 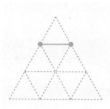 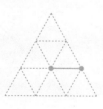 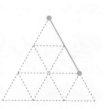

④
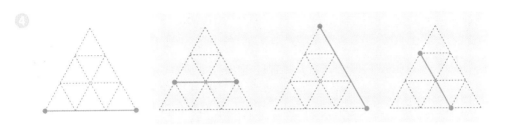

⑤
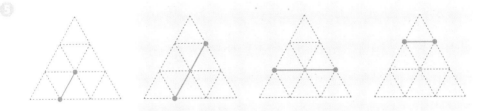

⑥
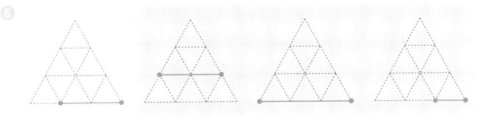

⑦
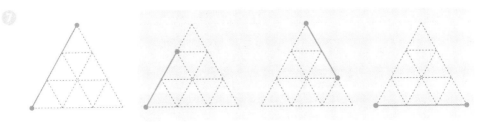

✏️ 找出与左边长度相等的线段，并用○标出。

在这个四边形里每个方格的边长都是相同的。

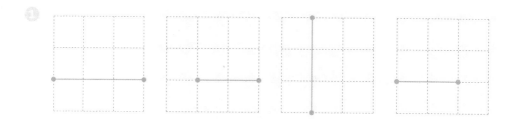

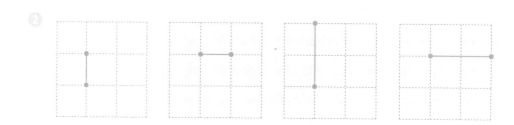

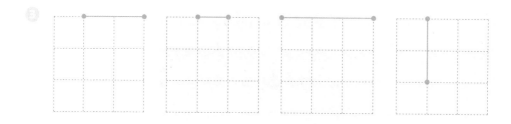

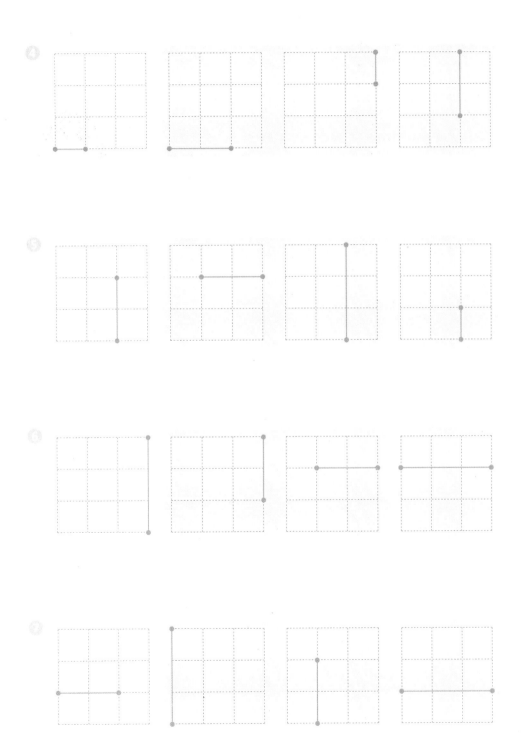

第4天　画三角形

◆ 根据已知的线段，画出长度相等的新线段，组成1个三角形。

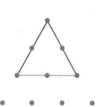

试着从给定的点出发，画出长度相等的线段。

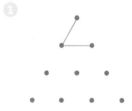

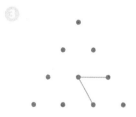
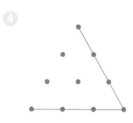
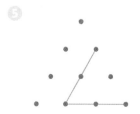
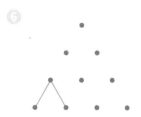

7

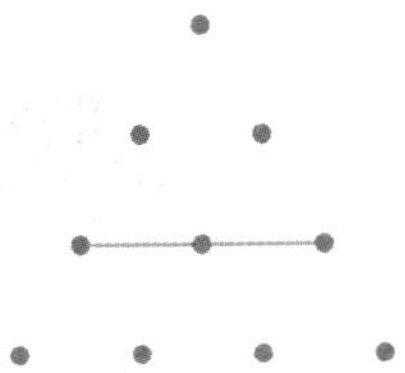

8

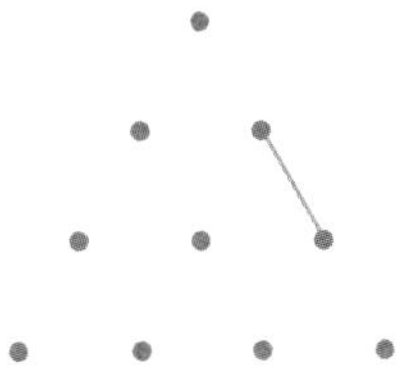

9

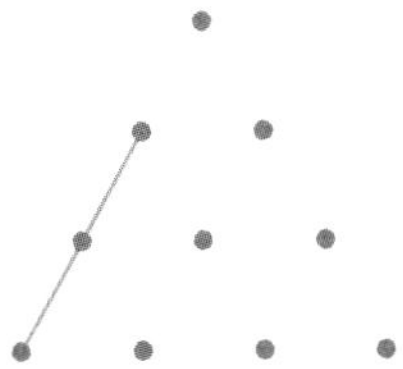

10

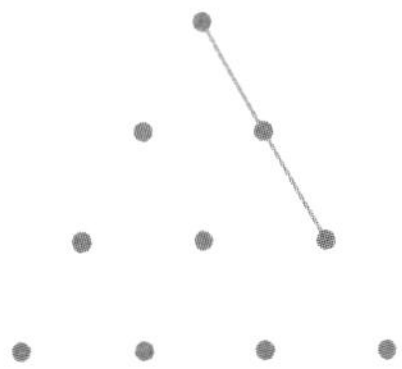

11

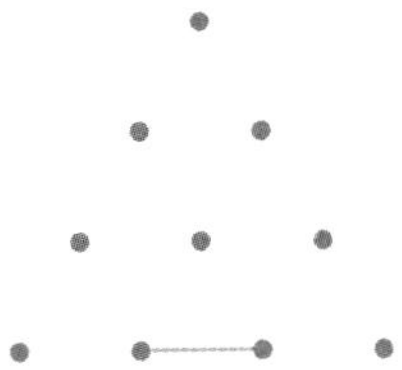

12

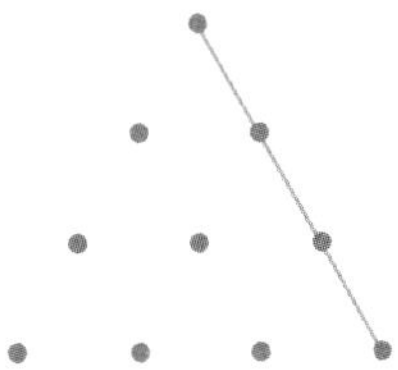

13

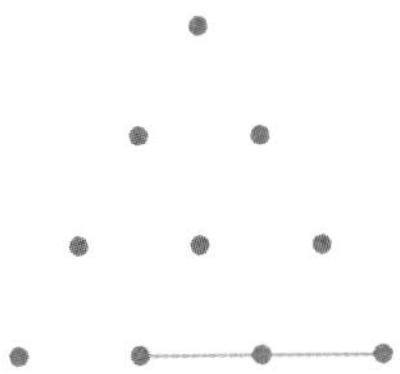

14

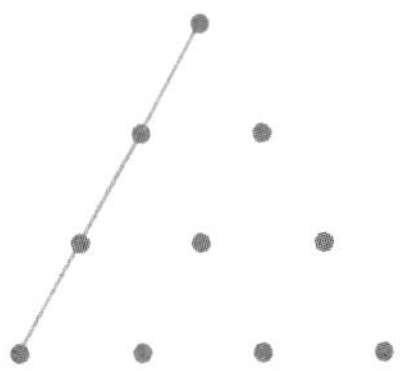

根据已知的线段，画出长度相等的新线段，组成1个正方形。

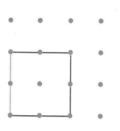

在左图中再画3条长度相等的线段就能组成1个正方形啦！

①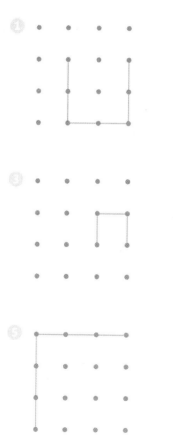

②

③

④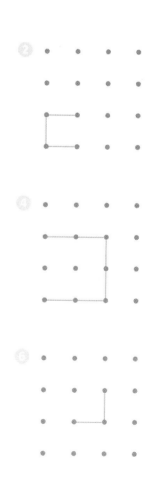

⑤

⑥

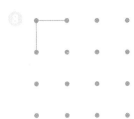

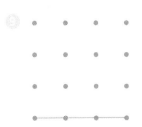

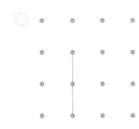

🖊️ 找出与左边长度相等的线段，并用○标出。

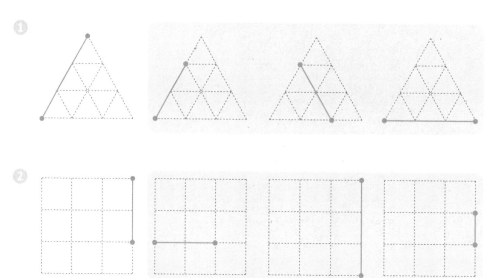

🖊️ 根据已知的线段，画出长度相等的新线段，组成1个三角形或正方形。

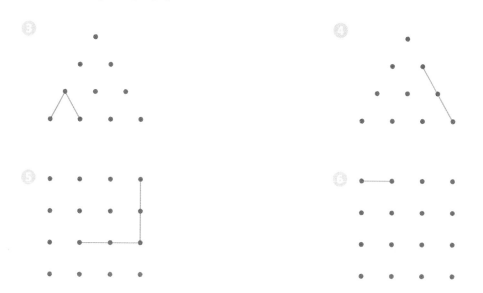

第2周

拼接三角形

◆ 找出右图中多出来的三角形，并用○标出。

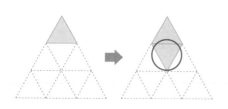

在右图中找出增加的三角形，再标出来就好了！

 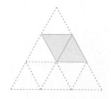　　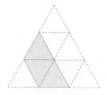

 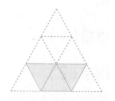　　

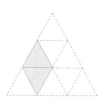 　　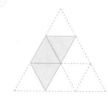

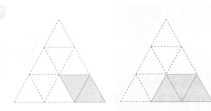

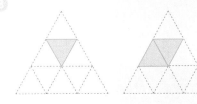

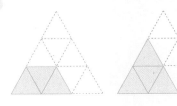

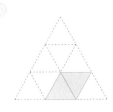

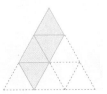

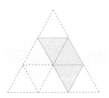

按方向拼接（1）

✏️ 按照箭头的方向拼接出 1 个新的三角形。

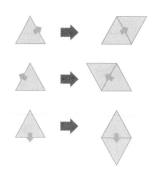

就像左边那样，可以朝 3 个方向拼接三角形。

❶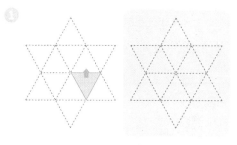

❷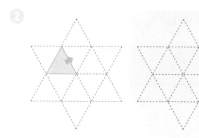

❸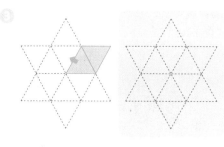

❹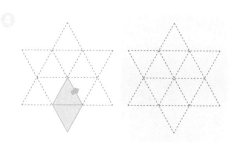

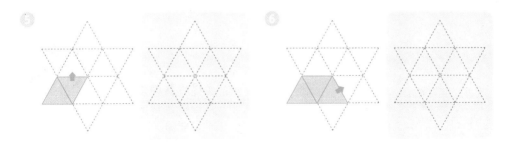

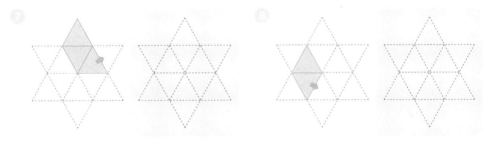

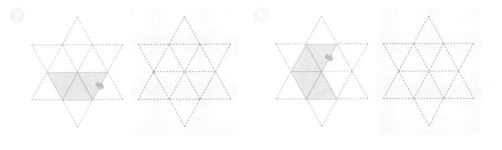

按方向拼接（2）

✏️ 按照箭头的方向拼接出2个新的三角形。

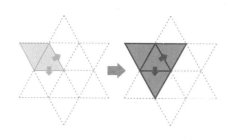

拼接新的三角形时连接的线段要贴紧。

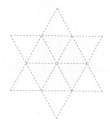

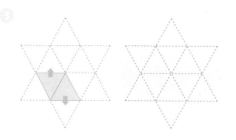

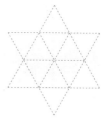

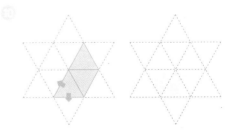

✐ 画出左边2个图形拼接之后形成的形状。

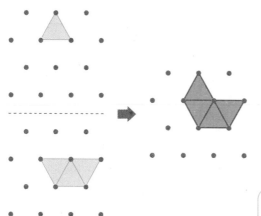

分别把2个图形画在原来固定的位置上，就可以拼出完整的形状了！

❶

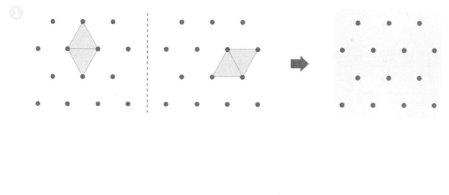

❷

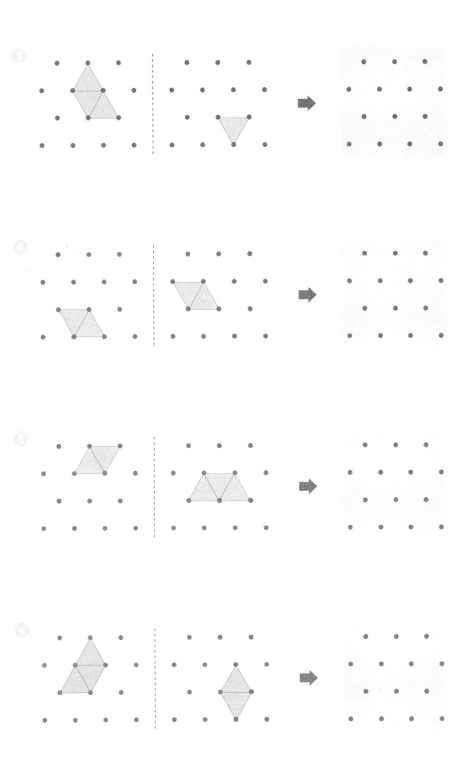

第 **5** 天　找一找

◇ 在虚线左侧画出相应的图形，使得虚线左右两侧的图
形拼接后形成右边的形状。

想象一下，在右图中去掉虚线一侧图形的样子！

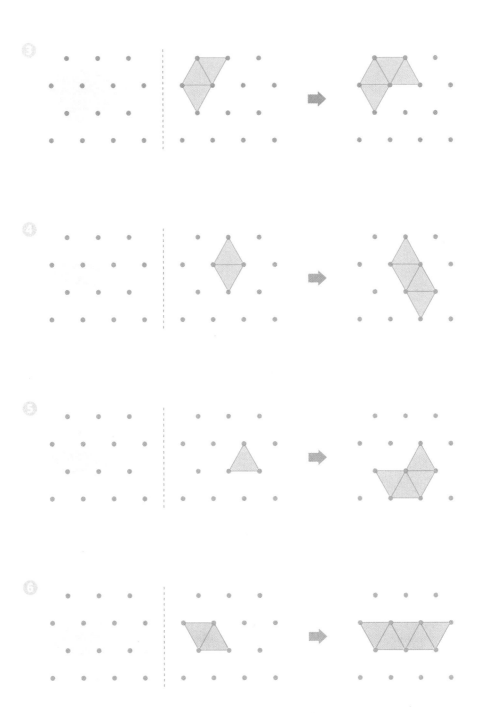

◆ 按照箭头的方向拼接出新的三角形。

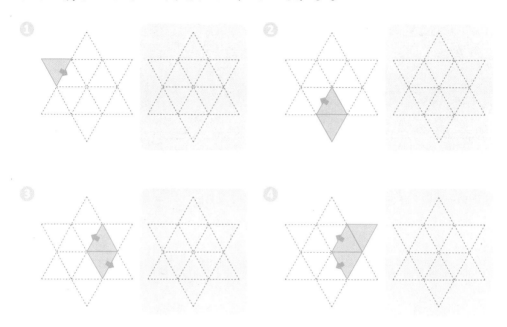

◆ 画出左边2个图形拼接之后形成的形状。

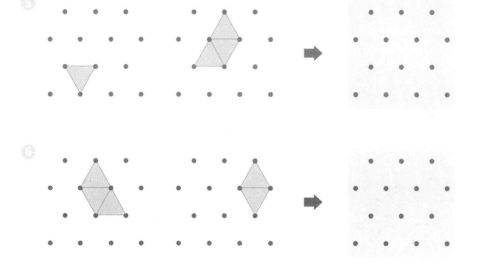

拼接正方形

◆ 找出右图中多出来的正方形，并用○标出。

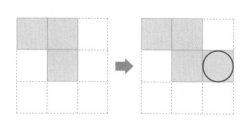

在右图中标出增加的那个正方形就可以了！

①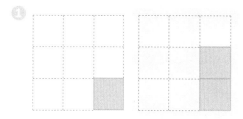

②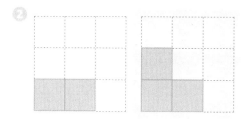

③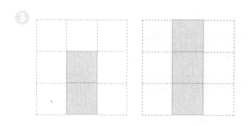

④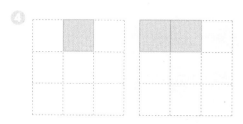

⑤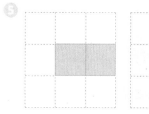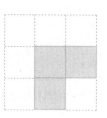

⑥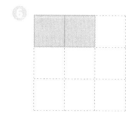

◆ 按照箭头的方向拼接出1个新的正方形。

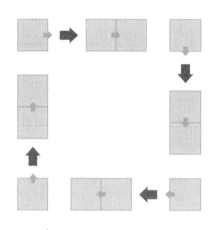

可以朝正方形的上、下、左、右4个方向拼接新的正方形。

①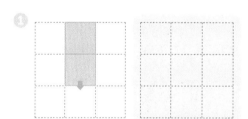

②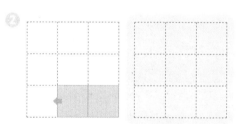

③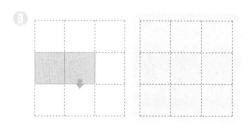

④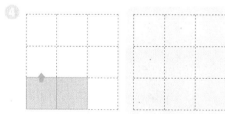

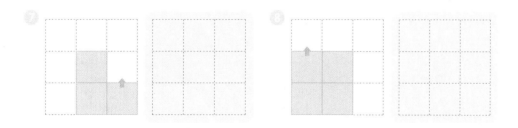

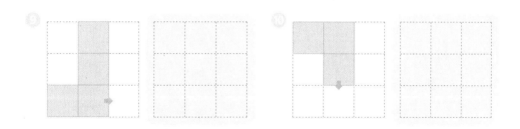

◆ 按照箭头的方向拼接出2个新的正方形。

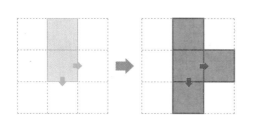

先画出原来的形状，再按照箭头的方向分别画出新的正方形。

①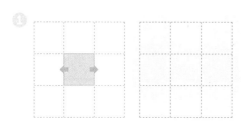

②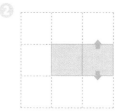

③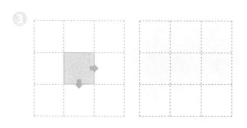

④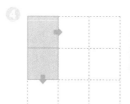

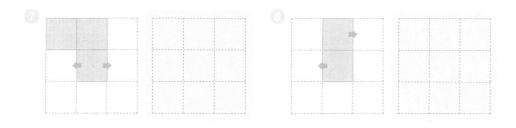

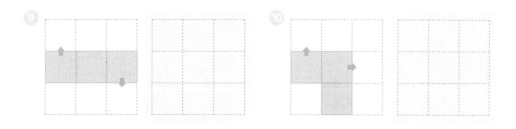

◆ 画出左边2个图形拼接之后形成的形状。

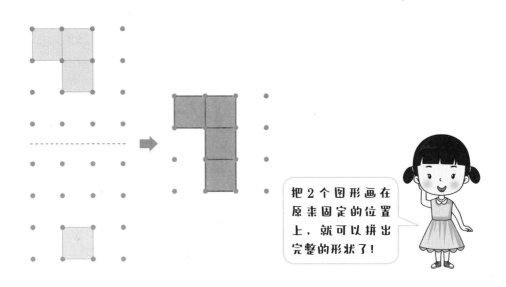

把2个图形画在
原来固定的位置
上，就可以拼出
完整的形状了！

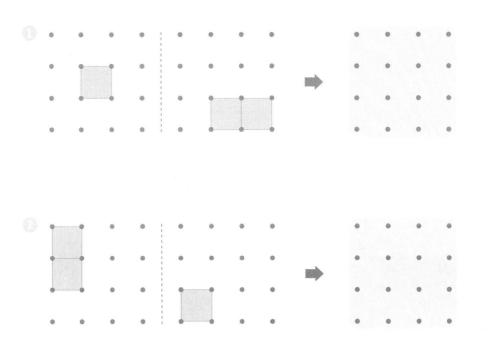

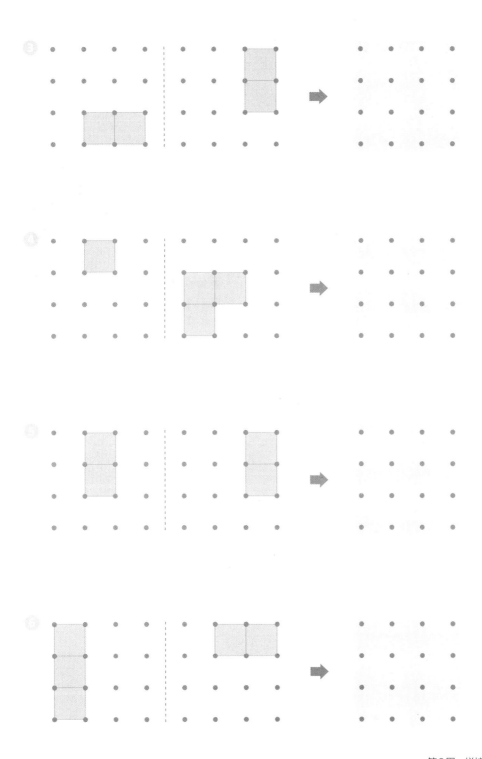

◆ 在虚线左侧画出相应的图形，使得虚线左右两侧的图
形拼接后形成右边的形状。

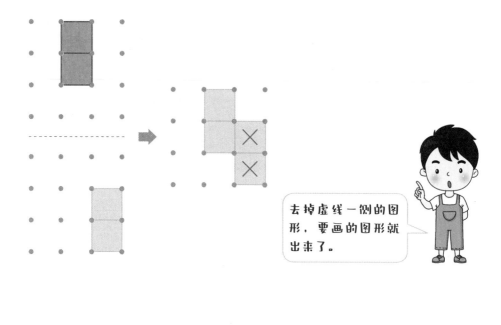

去掉虚线一侧的图
形，要画的图形就
出来了。

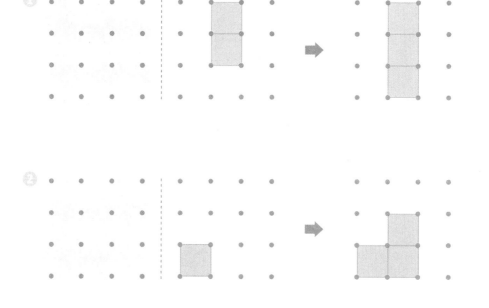

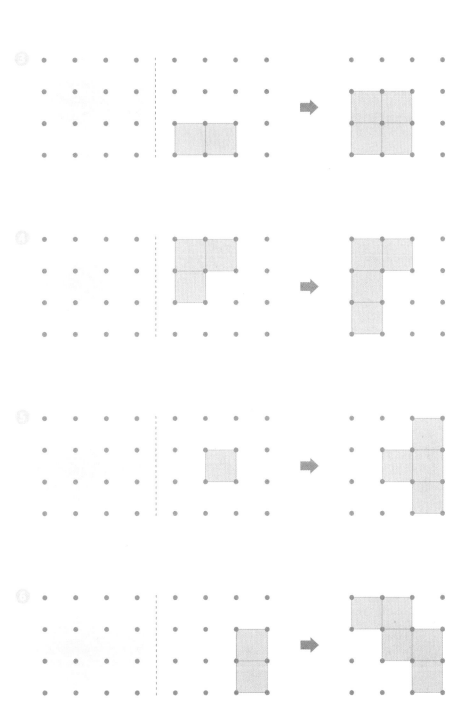

◈ 按照箭头的方向拼接出新的正方形。

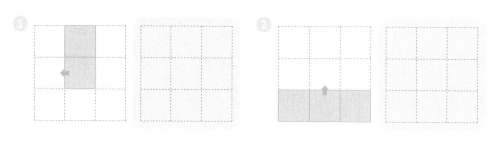

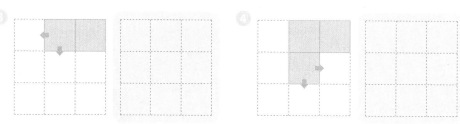

◈ 画出左边2个图形拼接之后形成的形状。

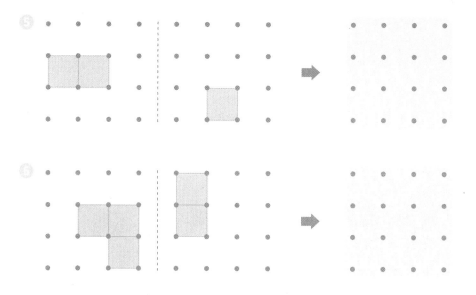

镜子中的图形

◆ 画出左边的图形照在镜子中的形状。

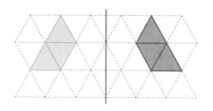

只要以镜面为对称轴将图形左右翻面，就能得到其照在镜子中的形状。

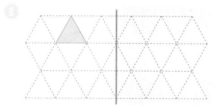

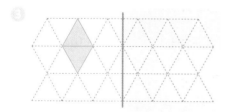

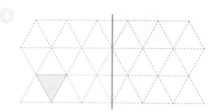

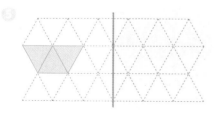

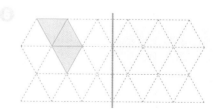

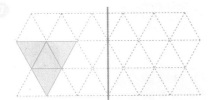

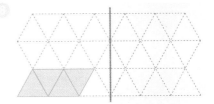

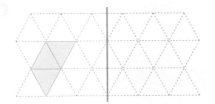

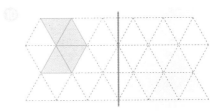

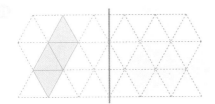

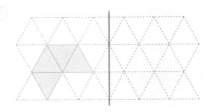

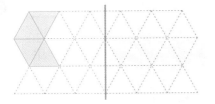

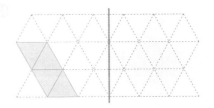

◆ 画出上边的图形照在镜子中的形状。

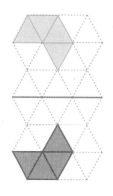

只要以镜面为对称轴将图形上下翻面，就能得到其照在镜子中的形状。

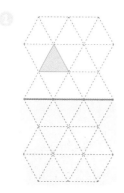

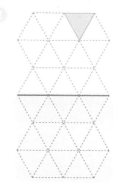

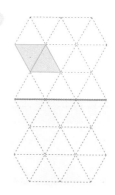

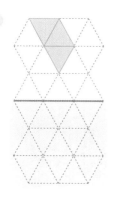

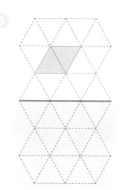

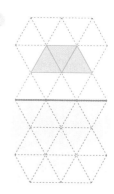

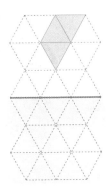

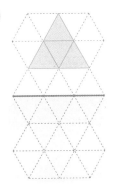

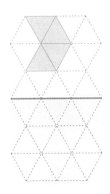

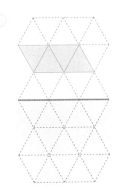

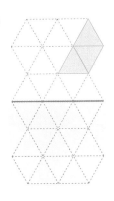

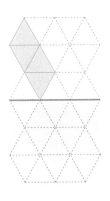

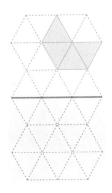

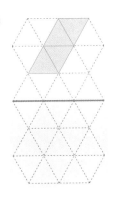

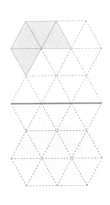

◆ 画出左边的图形照在镜子中的形状。

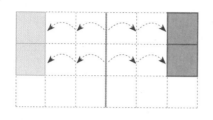

左边图形与在镜子里看到的图形到镜面的距离是相等的。

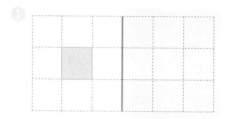

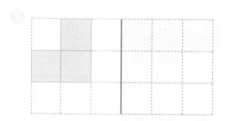

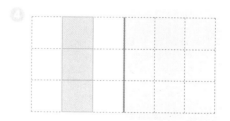

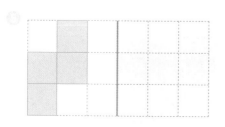

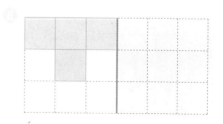

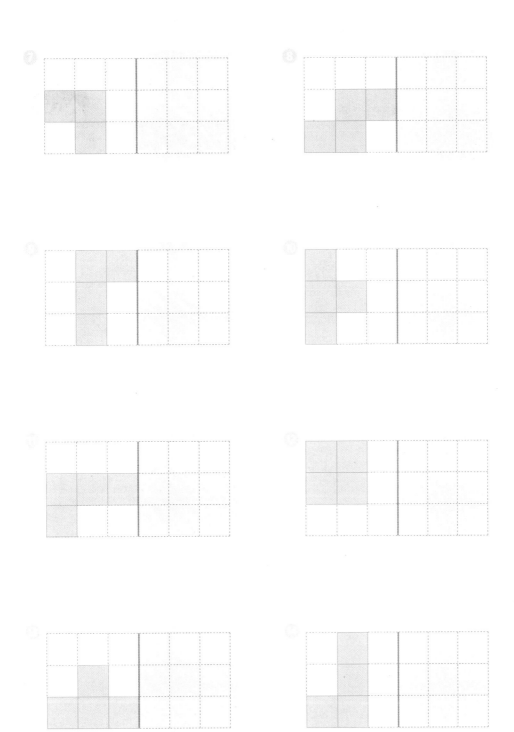

第4天　上下对称的正方形

◆ 画出上边的图形照在镜子中的形状。

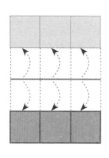

原来的图形与照在镜子中的图形就像是双胞胎在对视一样。

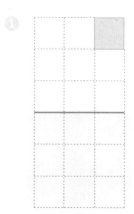

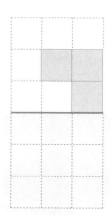

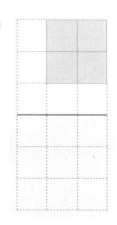

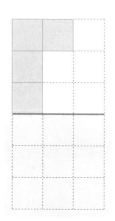

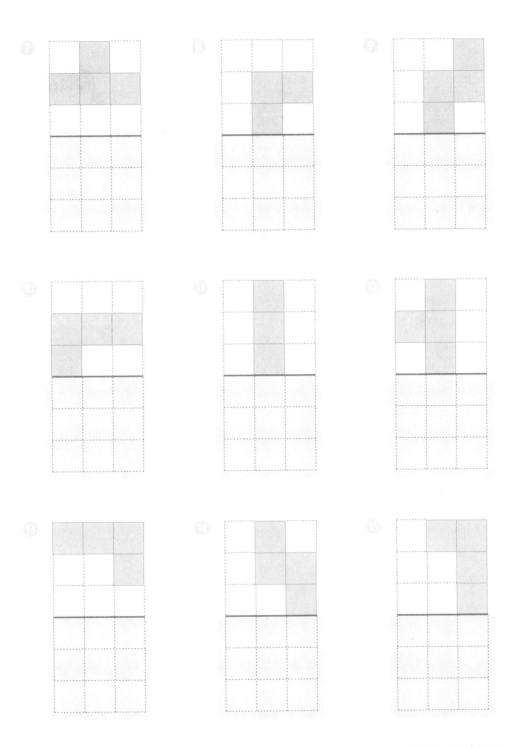

◆ 根据原图形和镜子中的图形，在适当的位置画出镜子。

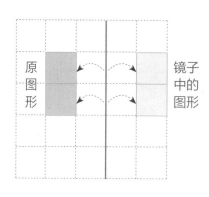

在两个图形之间，距离它们相等的地方画一条线。

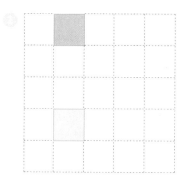

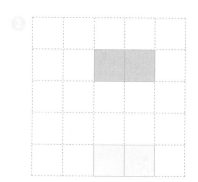

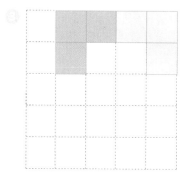

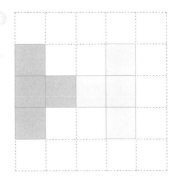

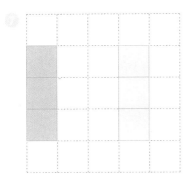

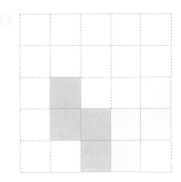

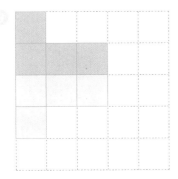

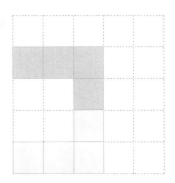

◆ 画出左边的图形照在镜子中的形状。

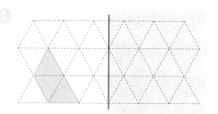
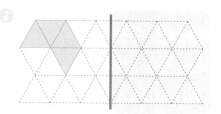
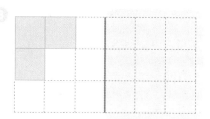
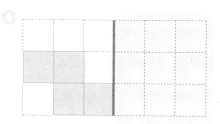

◆ 根据原图形和镜子中的图形，在适当的位置画出镜子。

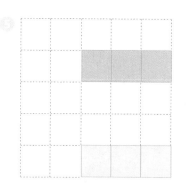
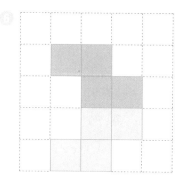

评价测试

此前4周的学习内容会出现在评价测试中。如果题目做错了，请确认是第几周的内容，并认真复习直到学会。

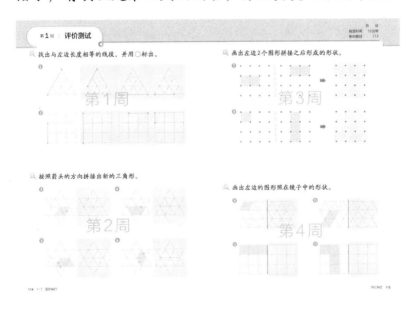

找出与左边长度相等的线段，并用○标出。

1
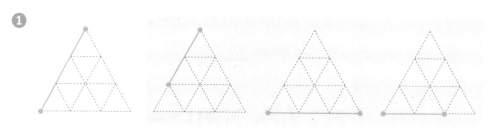

2
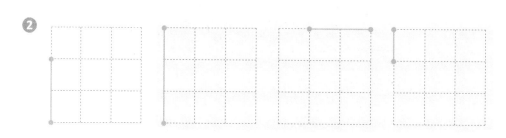

按照箭头的方向拼接出新的三角形。

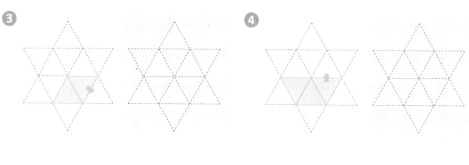

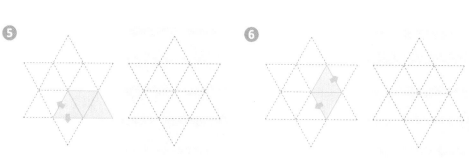

🔍 画出左边2个图形拼接之后形成的形状。

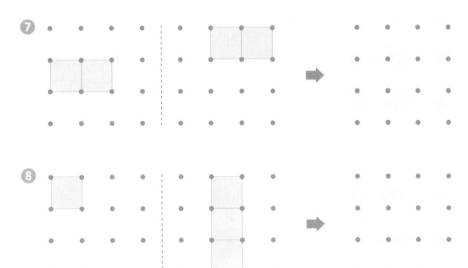

🔍 画出左边的图形照在镜子中的形状。

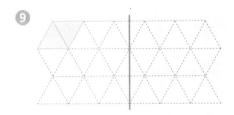

🔍 根据已知的线段，画出长度相等的新线段，组成1个三角形。

①

②

③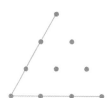

④

🔍 画出左边2个图形拼接之后形成的形状。

⑤

⑥

🔍 按照箭头的方向拼接出新的正方形。

7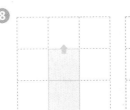

8

9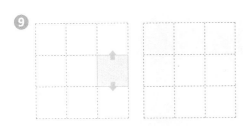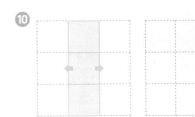

10

🔍 根据原图形和镜子中的图形，在适当的位置画出镜子。

11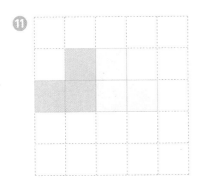

12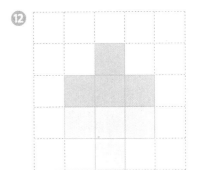

🔍 找出与左边长度相等的线段，并用○标出。

1

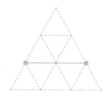  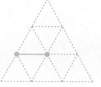 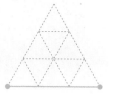

2

🔍 画出左边2个图形拼接之后形成的形状。

3

4

在虚线左侧画出相应的图形，使得虚线左右两侧的图形拼接后形成右边的形状。

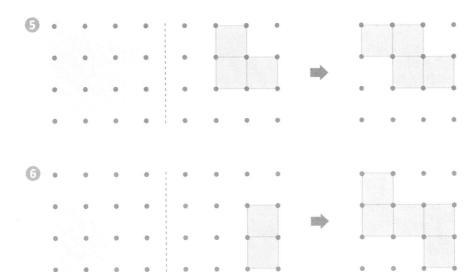

画出左边的图形照在镜子中的形状。

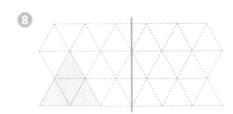

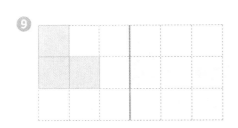

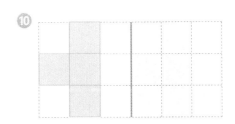

🔍 根据已知的线段，画出长度相等的新线段，组成1个正方形。

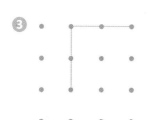

🔍 在虚线左侧画出相应的图形，使得虚线左右两侧的图形拼接后形成右边的形状。

🔍 按照箭头的方向拼接出新的正方形。

⑦

⑧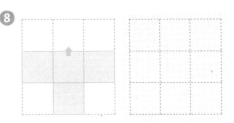

⑨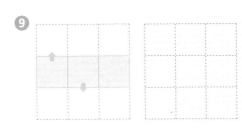

⑩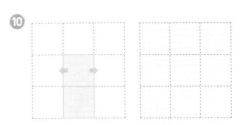

🔍 画出上边的图形照在镜子中的形状。

⑪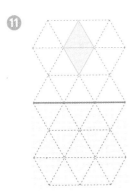

⑫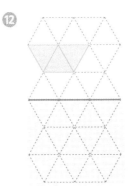

⑬

🔍 找出与左边长度相等的线段，并用○标出。

❶
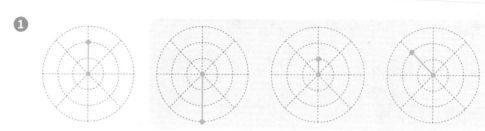

❷
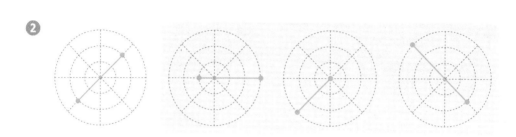

🔍 按照箭头的方向拼接出新的三角形。

❸ 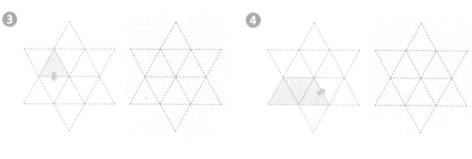 ❹

❺ 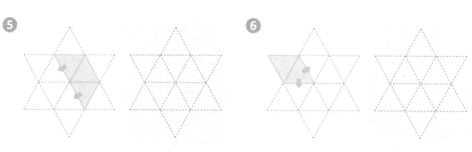 ❻

画出左边2个图形拼接之后形成的形状。

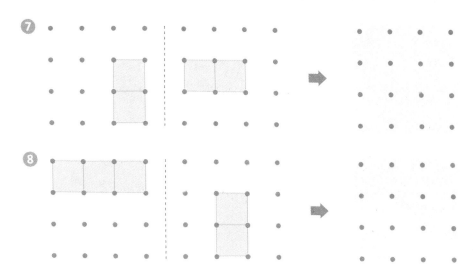

画出上边的图形照在镜子中的形状。

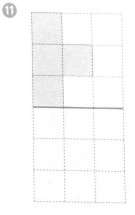

图书在版编目（CIP）数据

空间思维培养全书.1级／韩国C2M教育研究所编；(韩)
赵润雨译.－－济南：山东人民出版社，2022.11
　ISBN 978－7－209－14017－1

　Ⅰ.①空…　Ⅱ.①韩…　②赵…　Ⅲ.①数学－少儿读物
Ⅳ.①O1－49

中国版本图书馆CIP数据核字(2022)第158237号

空间思维培养全书·1级
KONGJIAN SIWEI PEIYANG QUANSHU　1 JI
[韩]C2M教育研究所　编　[韩]赵润雨　译

主管单位　山东出版传媒股份有限公司
出版发行　山东人民出版社
出 版 人　胡长青
社　　址　济南市市中区舜耕路517号
邮　　编　250003
电　　话　总编室（0531）82098914
　　　　　市场部（0531）82098027
网　　址　http://www.sd-book.com.cn
印　　装　济南新先锋彩印有限公司
经　　销　新华书店

规　　格　16开（170mm×240mm）
印　　张　32
字　　数　230千字
版　　次　2022年11月第1版
印　　次　2022年11月第1次
ISBN 978-7-209-14017-1
定　　价　164.00元（4册）
　　　　如有印装质量问题，请与出版社总编室联系调换。

1级

活动目录 游戏卡片

名称

1-3 本册细则 图形创作

P6-7

第2天 连成四边形

按照 "1-2-3-4-1" 的顺序，把点连成一片。

P4-5

第2天 连成三角形

按照 "1-2-3-1" 的顺序，把点连成一片。

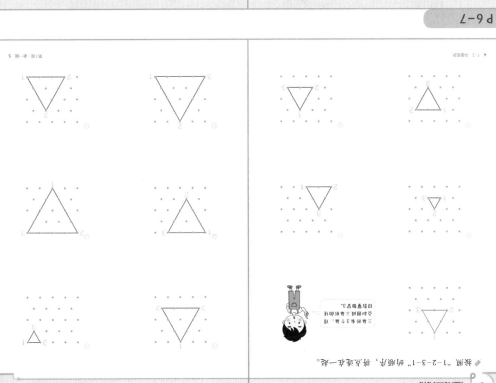

第3天 画出相同的三角形

按序号分别在格子内画出与左边相同的三角形。

想画出相同的三角形，就要先找到三角形3个顶点所在的位置。

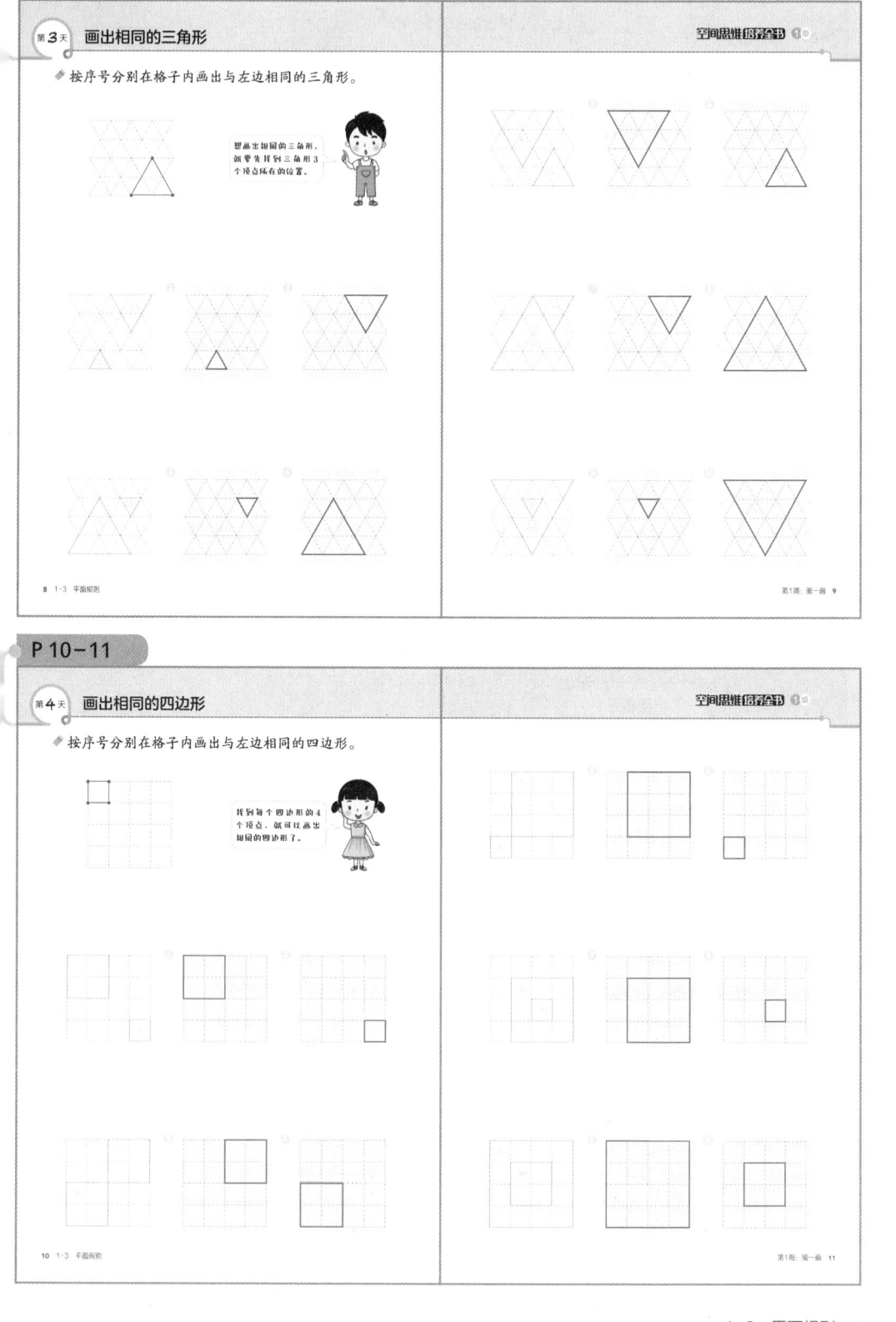

8 1-3 平面规则

第1周：画一画 9

第4天 画出相同的四边形

按序号分别在格子内画出与左边相同的四边形。

找到每个四边形的4个顶点，就可以画出相同的四边形了。

10 1-3 平面规则

第1周：画一画 11

第5天　画圆形

画1个圆形，使其正好经过图中标出的点。

从图中给出的点出发，沿着虚线画一圈，最后回到出发点，就完成了。

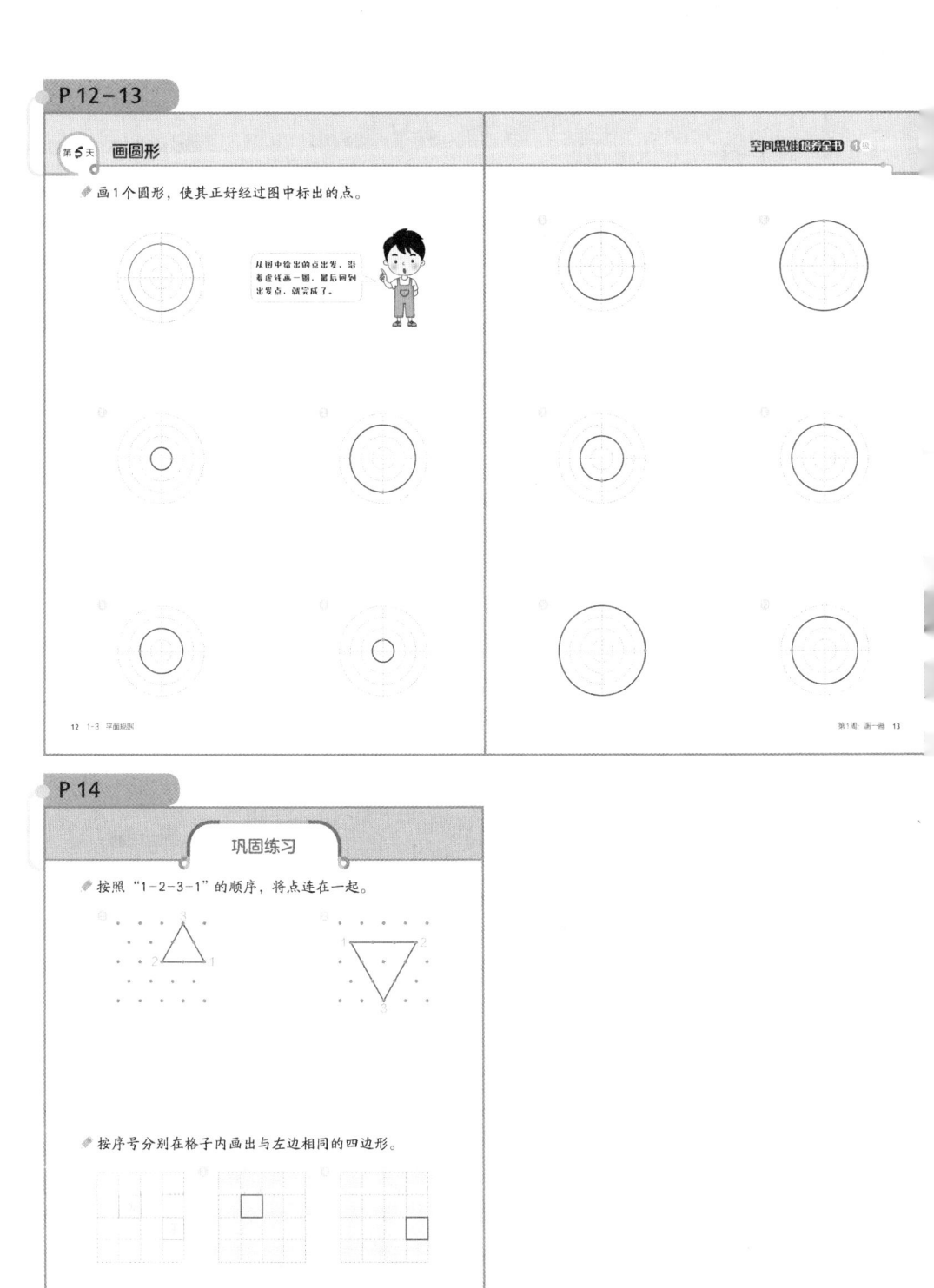

巩固练习

按照"1-2-3-1"的顺序，将点连在一起。

按序号分别在格子内画出与左边相同的四边形。

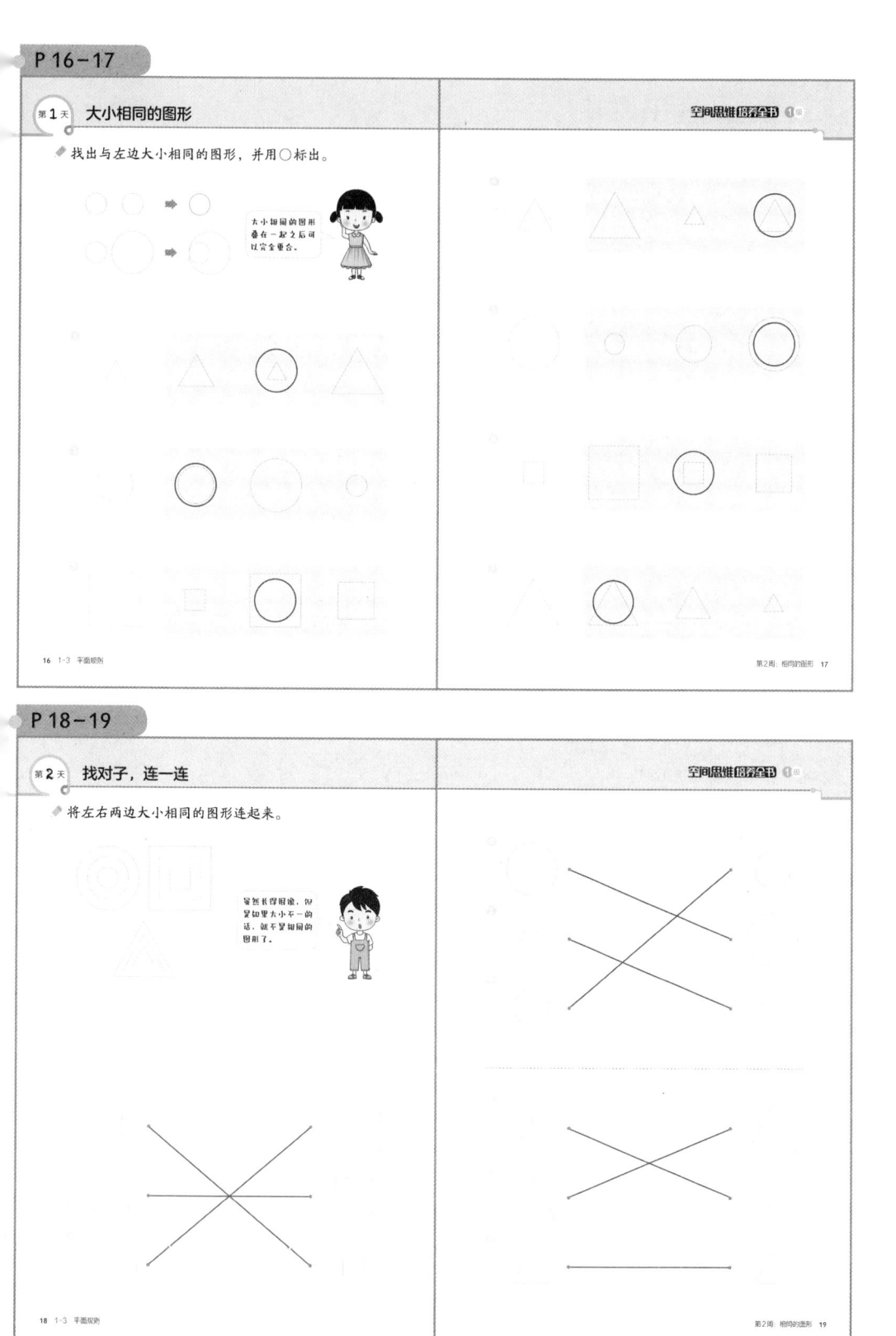

P 20-21

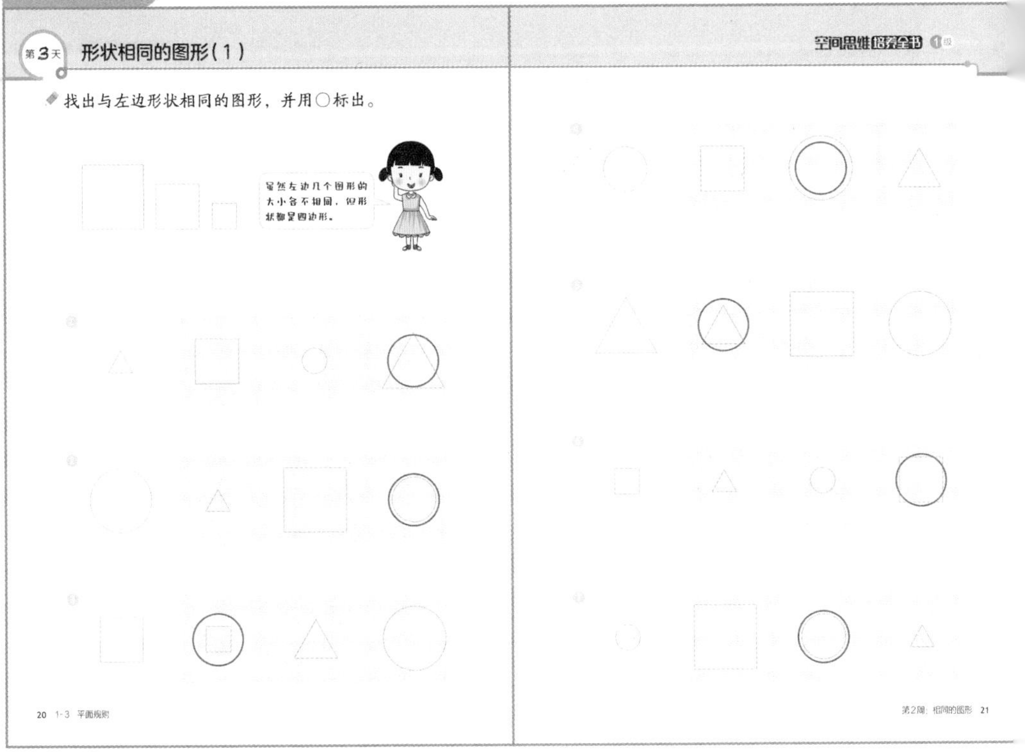

第3天 形状相同的图形（1）

空间思维培养全书 1级

找出与左边形状相同的图形，并用○标出。

P 22-23

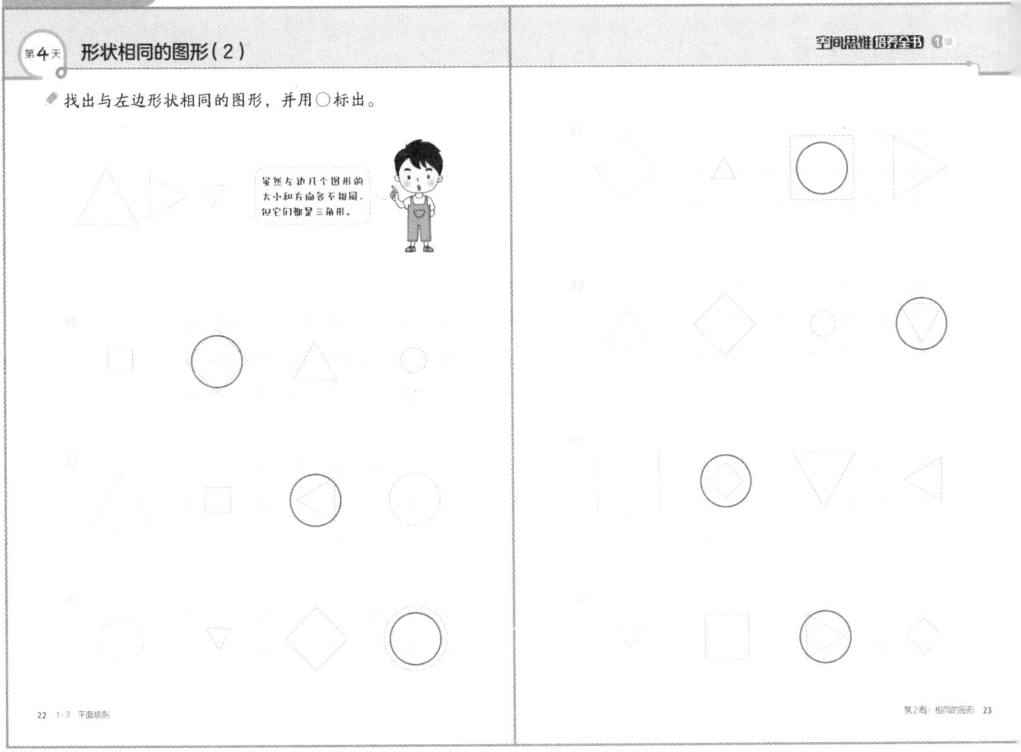

第4天 形状相同的图形（2）

空间思维培养全书 1级

找出与左边形状相同的图形，并用○标出。

第5天 找同类，连一连

空间思维培养全书 1

◆ 用线将形状相同的图形连起来。

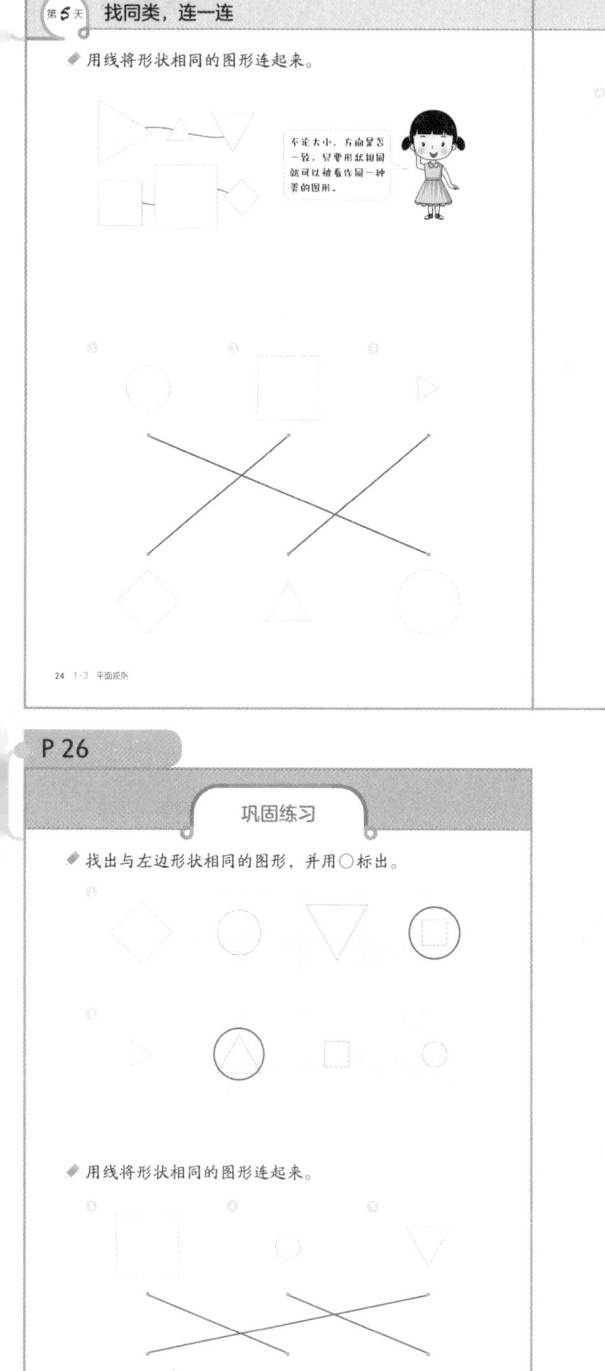

保证大小、方向是否一致，只要用形状相同就可以被看作是同一种类的图形。

巩固练习

◆ 找出与左边形状相同的图形，并用○标出。

◆ 用线将形状相同的图形连起来。

P 28－29

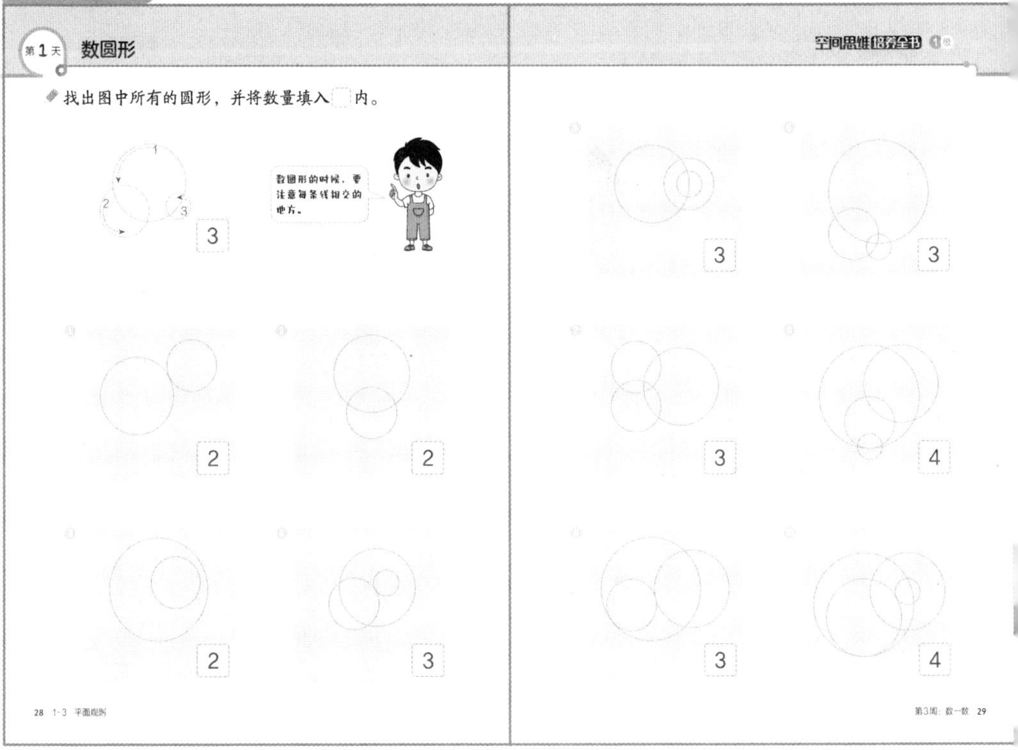

第1天 数圆形

空间思维培养全书 1级

找出图中所有的圆形，并将数量填入□内。

1
2
3
数圆形的时候，要注意每条线相交的地方。

3

2　2　2　3

3　3　3　4　3　4

P 30－31

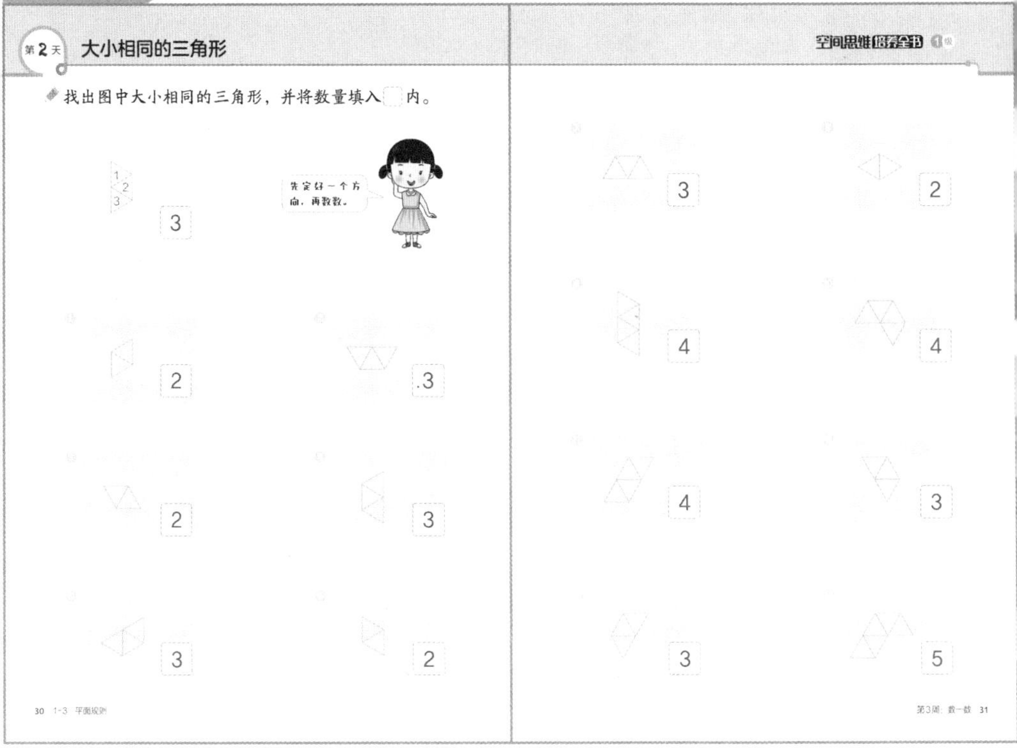

第2天 大小相同的三角形

空间思维培养全书 1级

找出图中大小相同的三角形，并将数量填入□内。

1
2
3
先定好一个方向，再数数。

3

2　3　2　3　3　2

3　2　4　4　4　3　3　5

第3天 大小相同的四边形

空间思维培养全书 **1**级

找出图中大小相同的四边形，并将数量填入 ▢ 内。

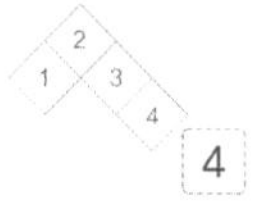

注意不要把数过的四边形又数一次。

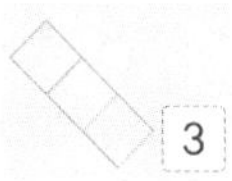

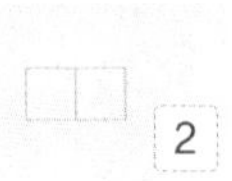

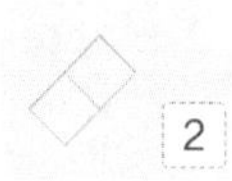

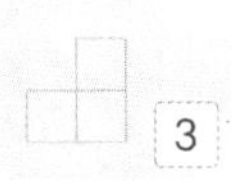

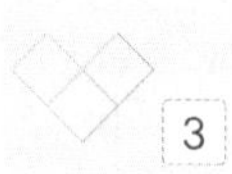

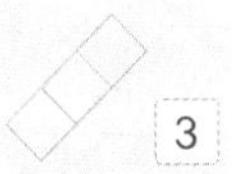

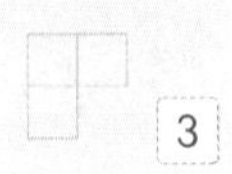

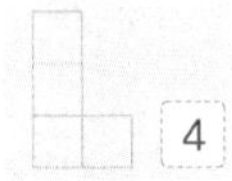

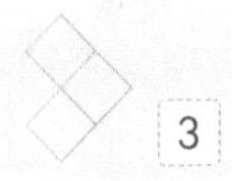

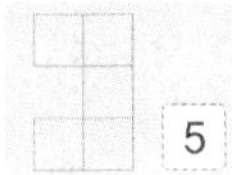

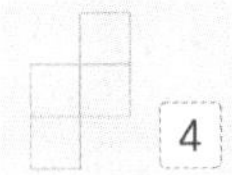

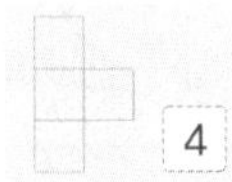

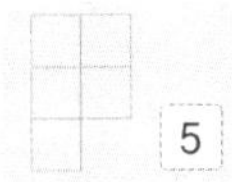

4

① **3**　② **2**

③ **2**　④ **3**

⑤ **3**　⑥ **3**

② **2**　③ **3**

④ **4**　⑤ **3**

⑩ **5**　⑪ **4**

⑫ **4**　⑬ **5**

第4天 大小不同的三角形

空间思维培养全书 **1**级

找出图中所有的三角形，并将数量填入 ▢ 内。

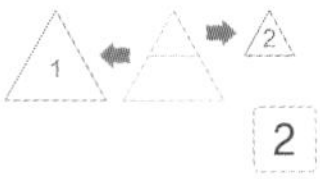

我在左边的图形中找到1个大三角形和1个小三角形！

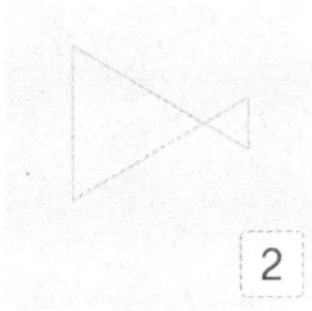

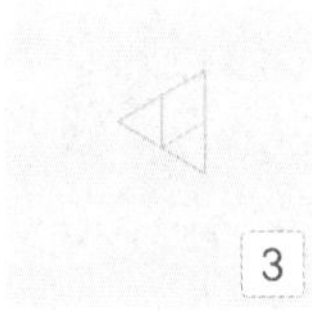

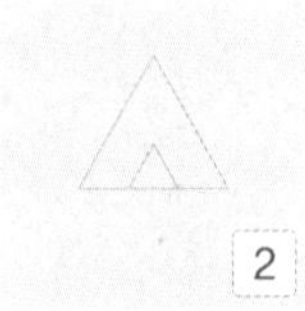

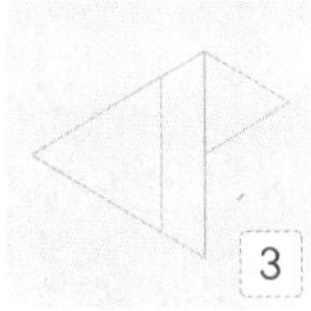

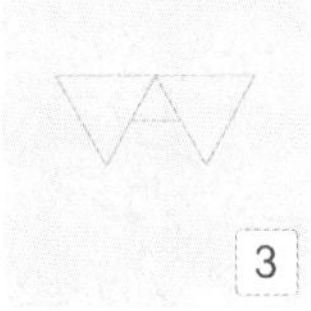

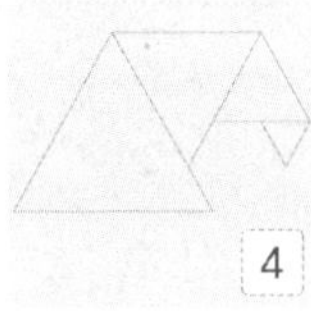

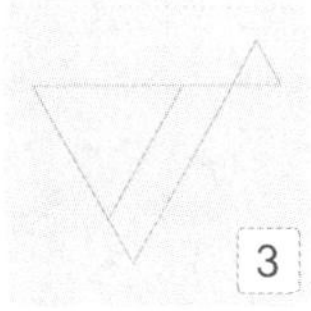

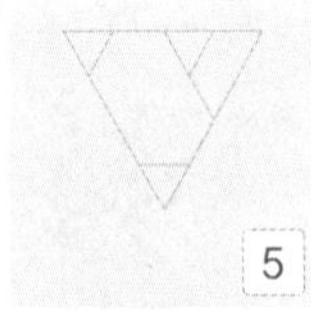

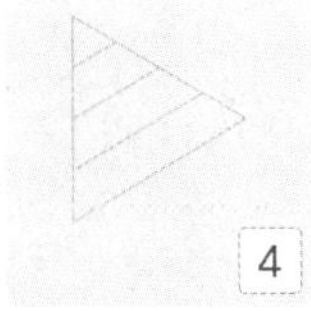

2

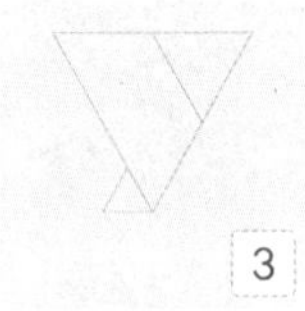

① **2**　② **3**

⑤ **3**　⑥ **3**

⑦ **4**　⑧ **3**

⑨ **3**　⑩ **2**

⑪ **5**　⑫ **4**

第5天 大小不同的四边形

◆ 找出图中所有的四边形，并将数量填入 □ 内。

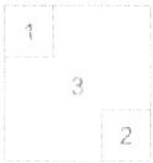

先在左边的图形中
找到2个小四边形和
1个大四边形！

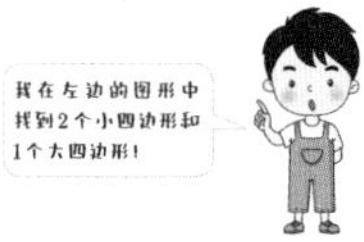

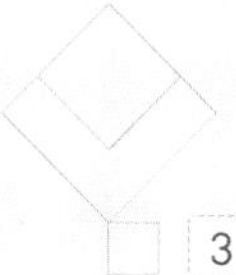

3

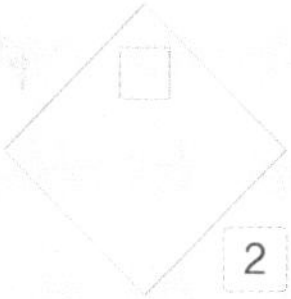

2

4

3

2

3

3

3

3

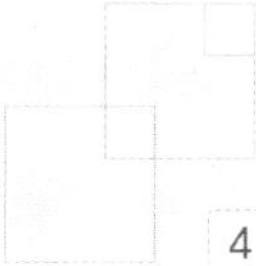

4

5

巩固练习

◆ 找出图中大小相同的四边形，并将数量填入 □ 内。

2

3

3

4

◆ 找出图中所有的三角形，并将数量填入 □ 内。

3

4

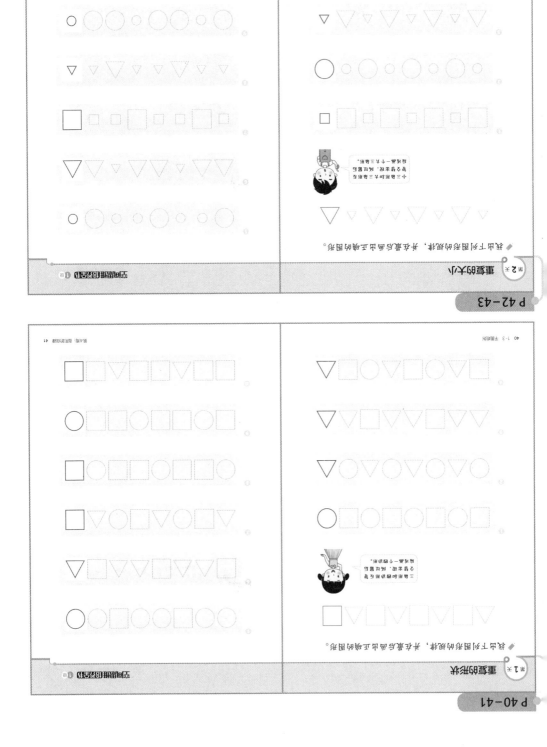

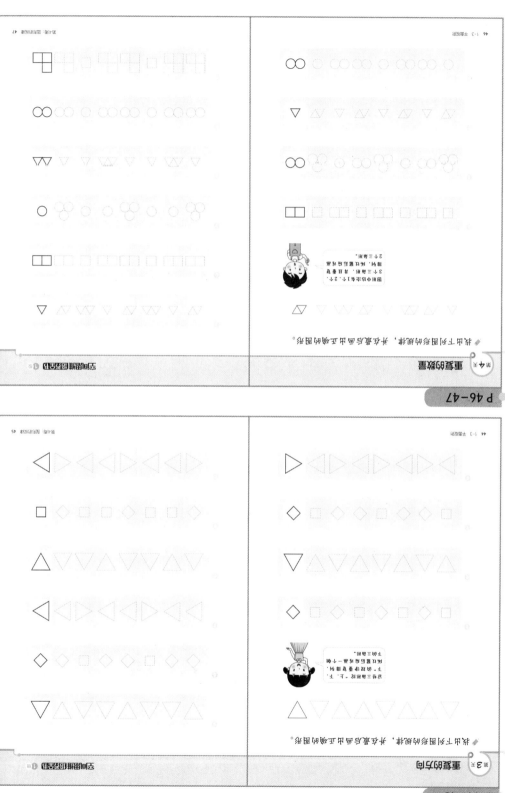

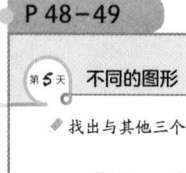

第5天 不同的图形

空间思维培养全书 1级

◈ 找出与其他三个不一样的图形，并用 ✕ 标出。

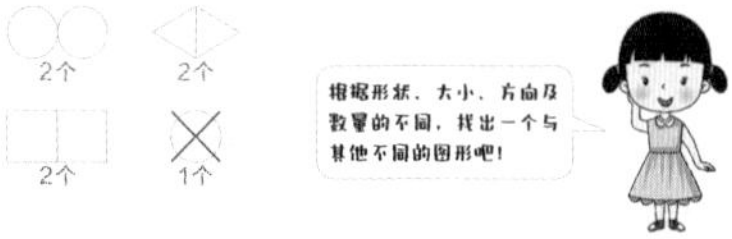

根据形状、大小、方向及数量的不同，找出一个与其他不同的图形吧！

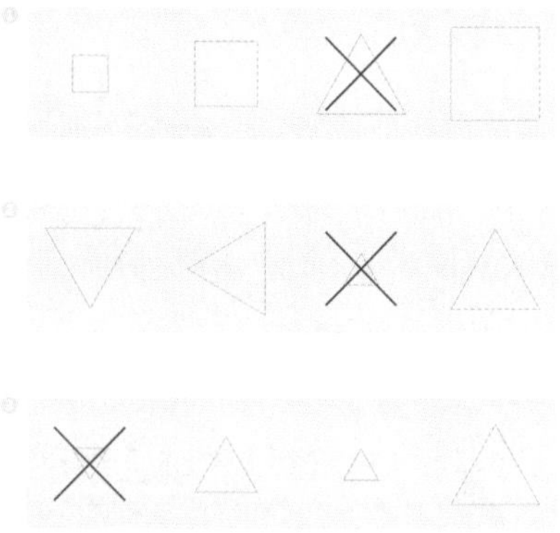

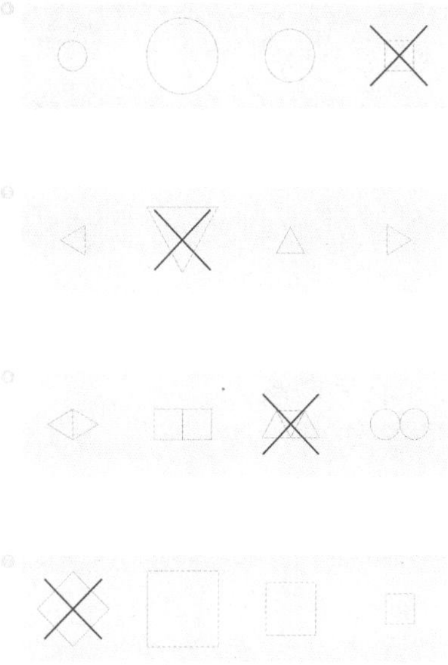

巩固练习

◈ 找出下列图形的规律，并在最后画出正确的图形。

◈ 找出与其他三个不一样的图形，并用 ✕ 标出。

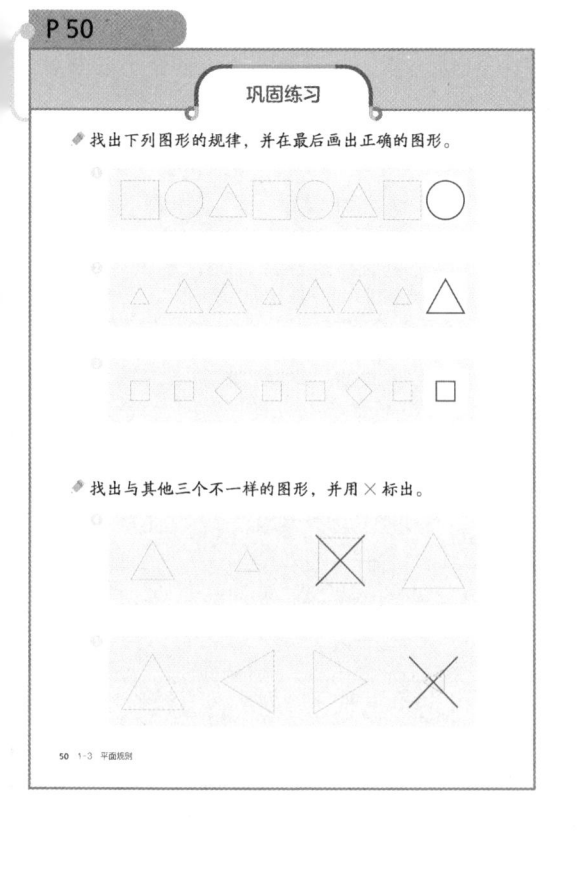

P 52-53

第1回：评价测试

月 日
规定时间 10分钟
答对题目 /12

按照“1-2-3-4-1”的顺序，将点连在一起。

❶ ❷

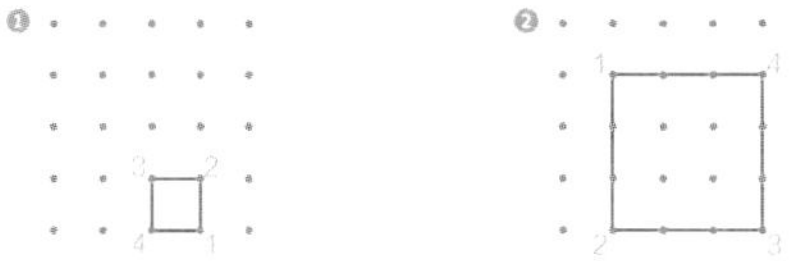

用线将形状相同的图形连起来。

❸ ❹ ❺

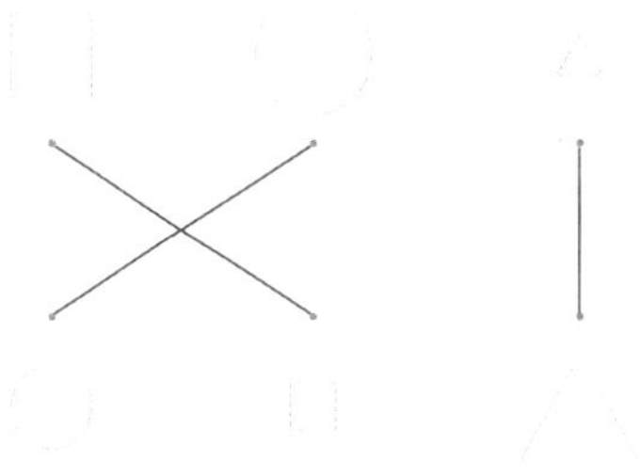

找出图中大小相同的三角形，并将数量填入□内。

❻ 3 ❼ 4

❽ 2 ❾ 3

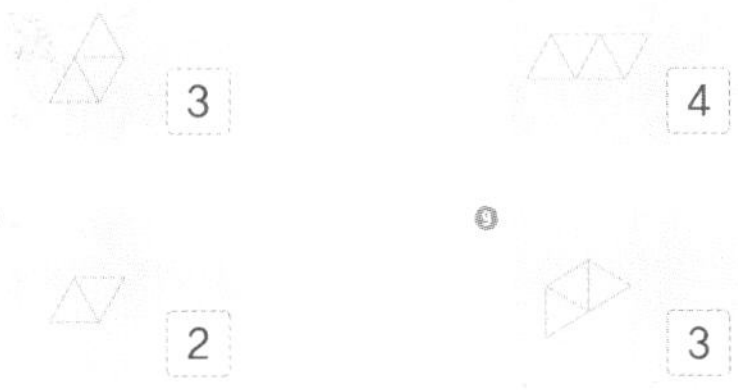

找出下列图形的规律，并在最后画出正确的图形。

❿ ⓫ ⓬

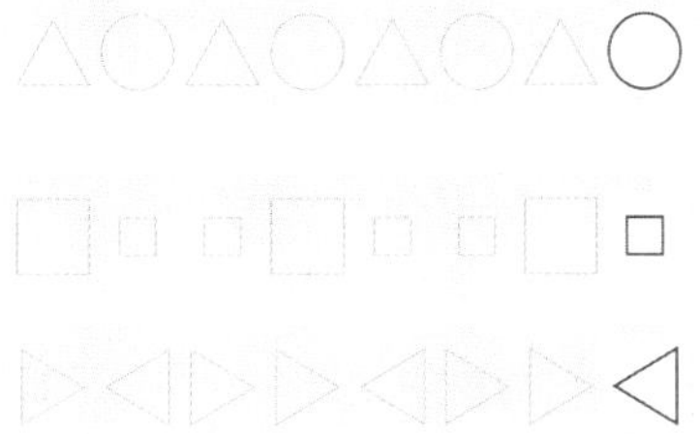

P 54-55

第2回：评价测试

月 日
规定时间 10分钟
答对题目 /11

画1个圆形，使其正好经过图中标出的点。

❶ ❷ ❸ ❹

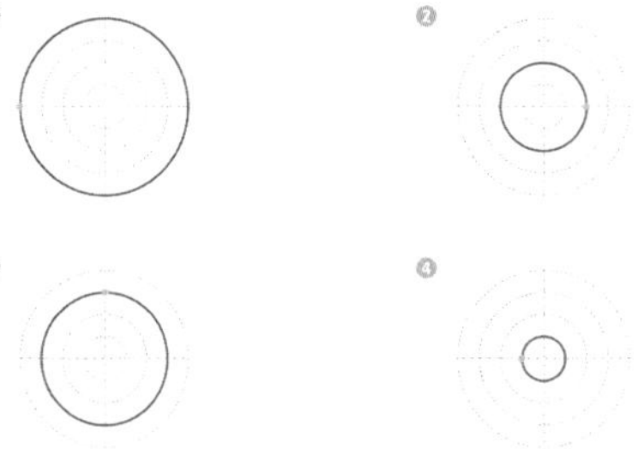

找出与左边大小相同的图形，并用○标出。

❺ ❻

找出图中所有的三角形，并将数量填入□内。

❼ 3 ❽ 5

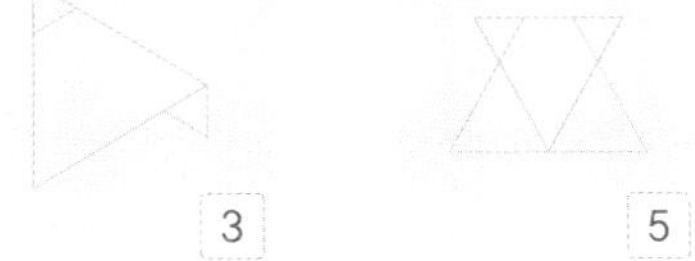

找出下列图形的规律，并在最后画出正确的图形。

❾ ❿ ⓫

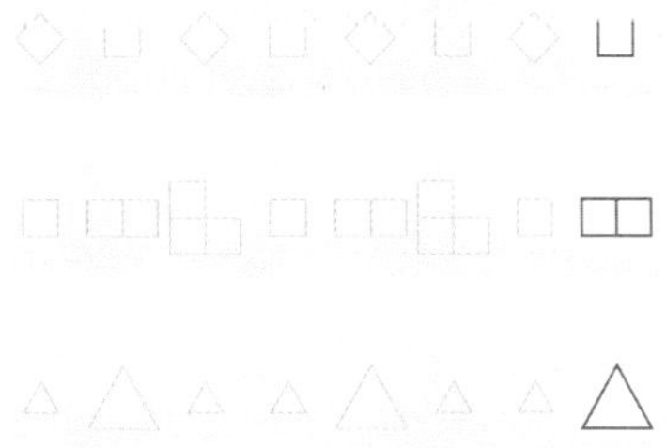

第 3 回 ： 评价测试

月　日
规定时间　10分钟
答对题目　/13

按序号分别在格子内画出与左边相同的三角形。

找出图中大小相同的四边形，并将数量填入　内。

❼ 4　　❽ 3

❾ 3　　❿ 5

找出与左边形状相同的图形，并用○标出。

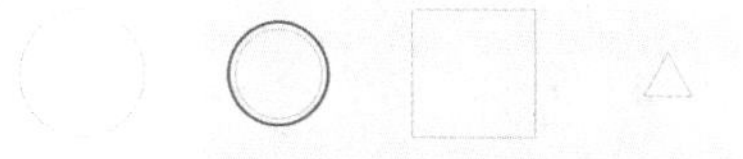

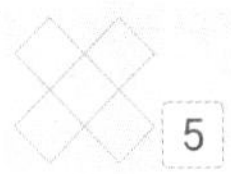

找出下列图形的规律，并在最后画出正确的图形。

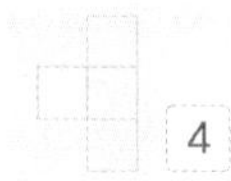

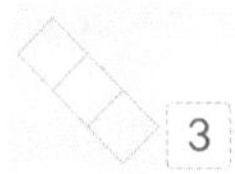

❶　❷　❸　❹

❺

❻

⓫

⓬

⓭

56　1-3 平面规则

评价测试 57

第 4 回 ： 评价测试

月　日
规定时间　10分钟
答对题目　/11

画1个圆形，使其正好经过图中标出的点。

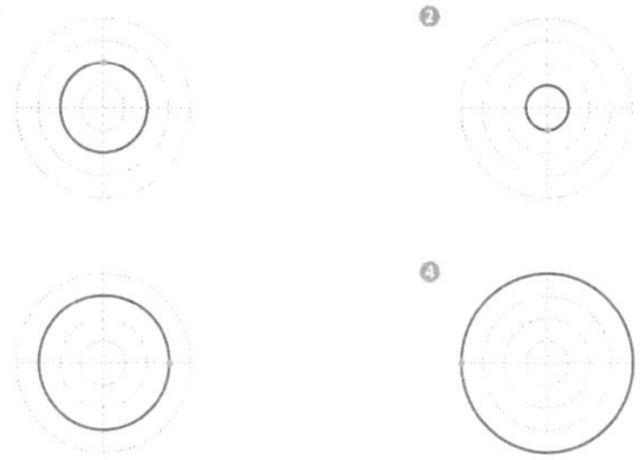

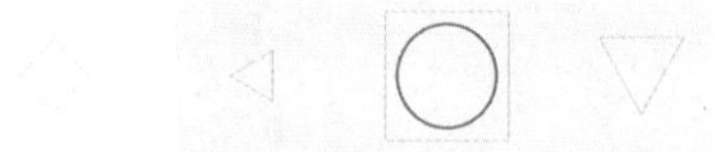

找出图中所有的四边形，并将数量填入　内。

❼ 3　　❽ 4

❶　❷　❸　❹

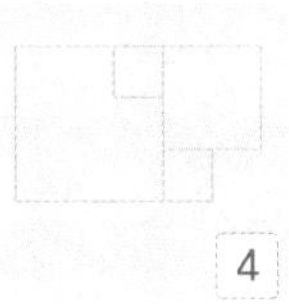

找出下列图形的规律，并在最后画出正确的图形。

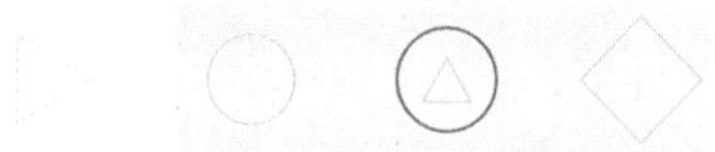

找出与左边形状相同的图形，并用○标出。

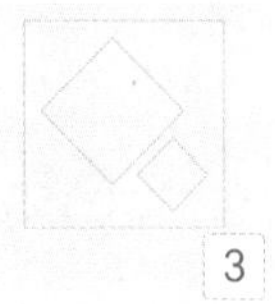

❺

❻

❾

❿

⓫

58　1-3 平面规则

评价测试 59

1-3　平面规则　**15**

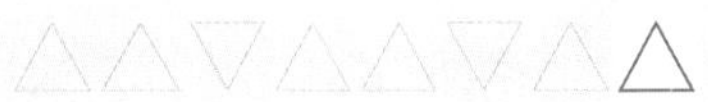

第 *5* 回 ： 评价测试

按照 "1－2－3－4－1" 的顺序，将点连在一起。

用线将形状相同的图形连起来。

找出图中大小相同的三角形，并将数量填入 ▢ 内。

⑥ 4　⑦ 2

⑧ 3　⑨ 5

找出与其他三个不一样的图形，并用 ✕ 标出。

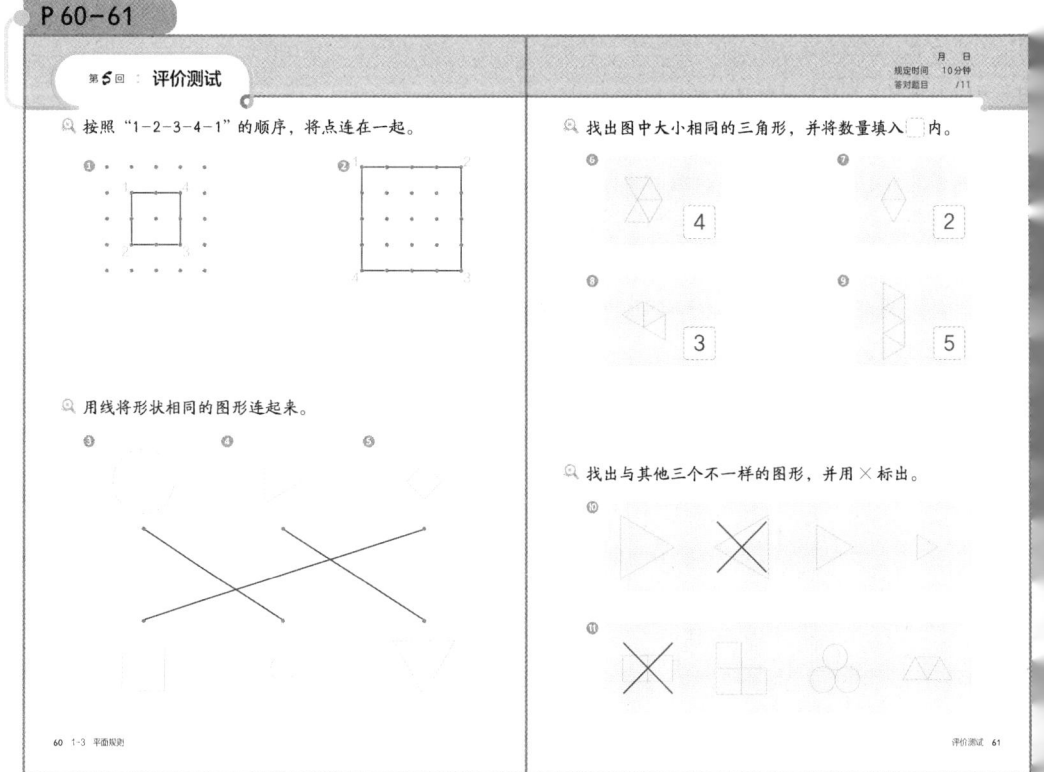

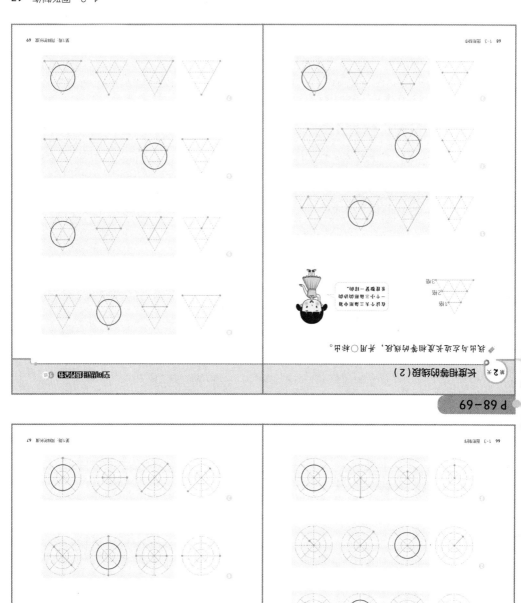

第3天　长度相等的线段（3）

找出与左边长度相等的线段，并用〇标出。

在这个四边形里每个方格的边长都是相同的。

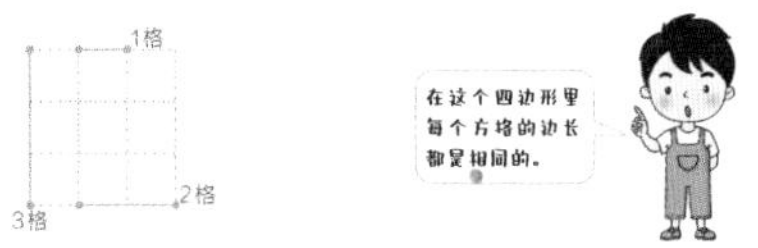

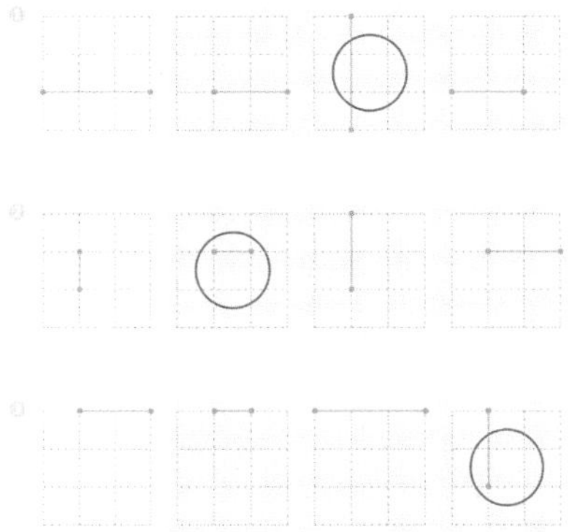

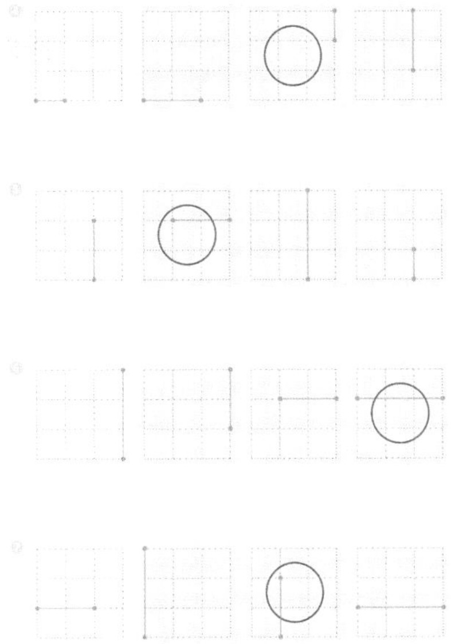

第4天　画三角形

根据已知的线段，画出长度相等的新线段，组成1个三角形。

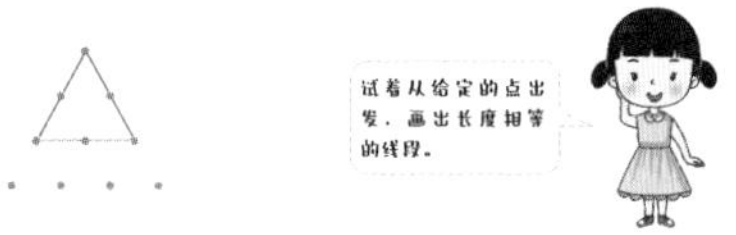

试着从给定的点出发，画出长度相等的线段。

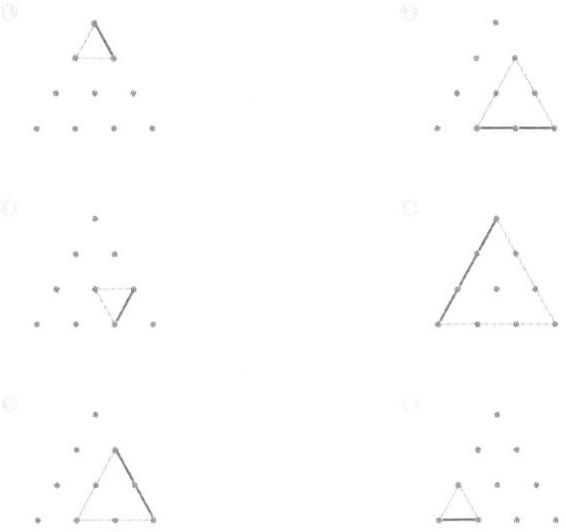

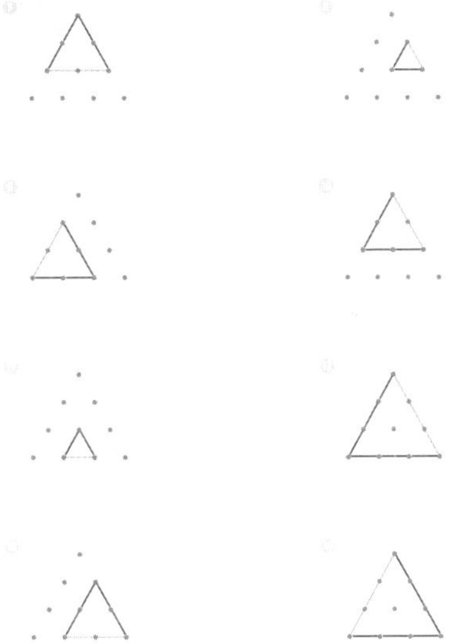

第5天 画正方形

空间思维培养全书 ①

◆ 根据已知的线段，画出长度相等的新线段，组成1个正方形。

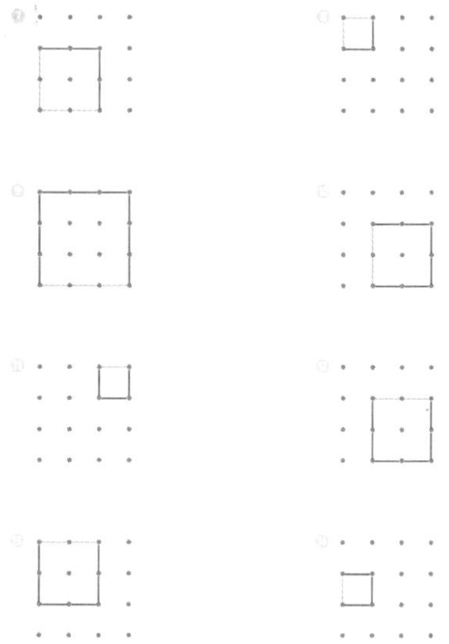

在左图中再画3条长度相等的线段创新组成1个正方形吧！

巩固练习

◆ 找出与左边长度相等的线段，并用○标出。

◆ 根据已知的线段，画出长度相等的新线段，组成1个三角形或正方形。

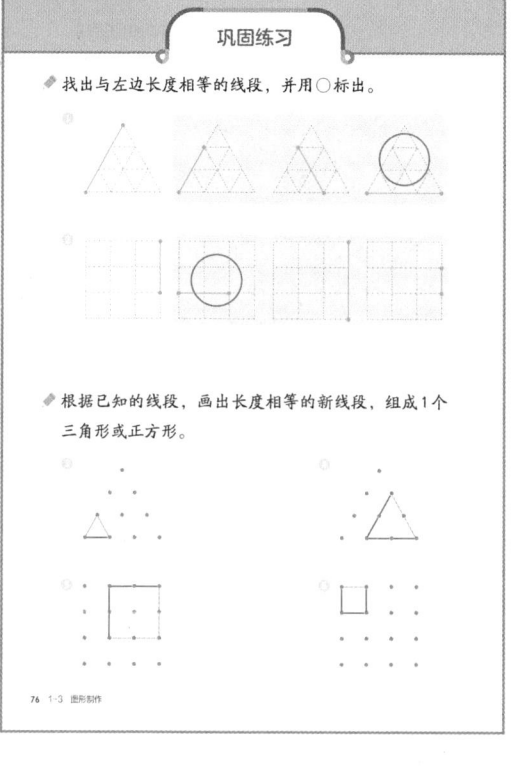

第1天 找三角形

找出右图中多出来的三角形，并用○标出。

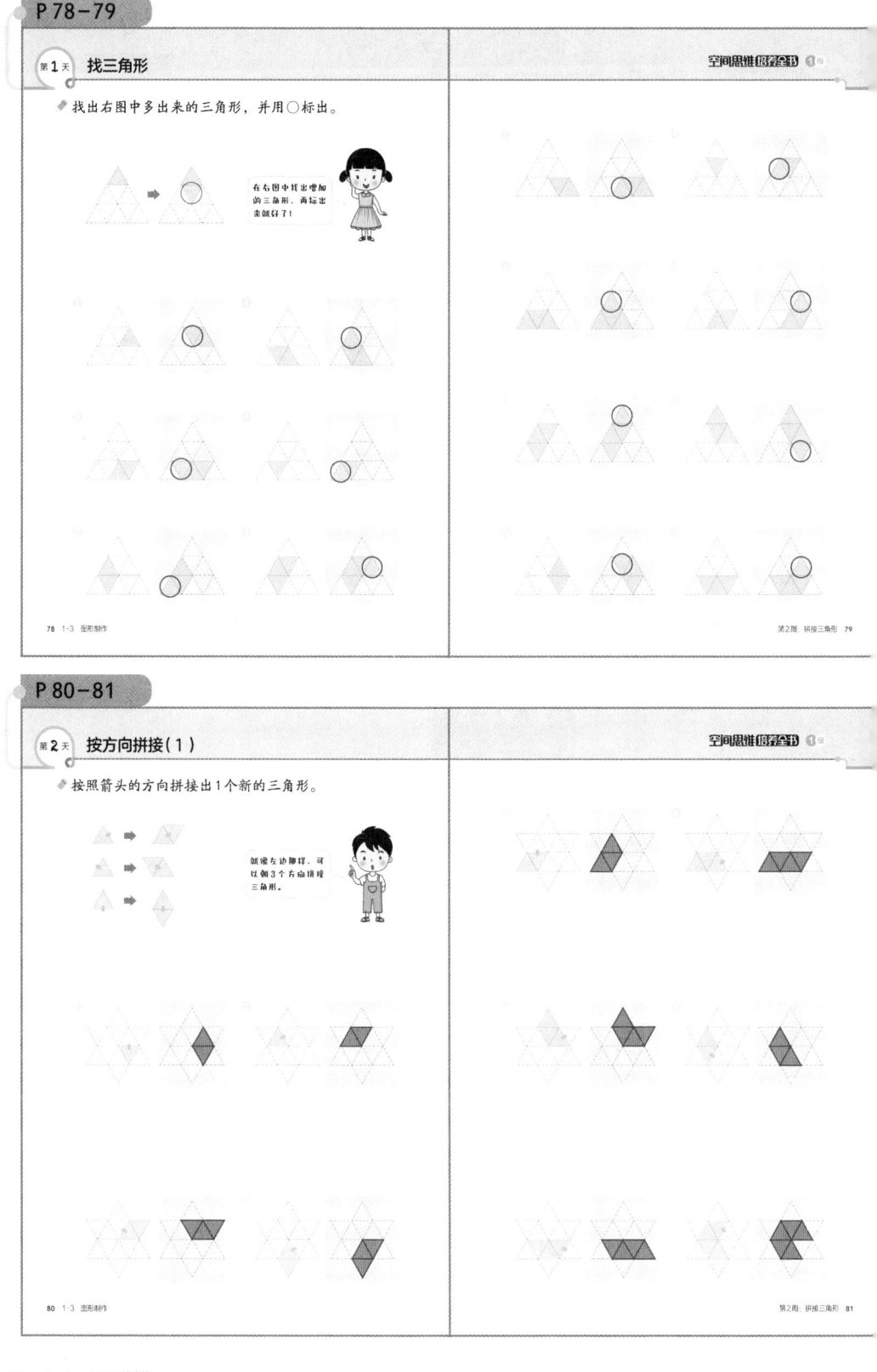

第2天 按方向拼接（1）

按照箭头的方向拼接出1个新的三角形。

第3天 按方向拼接（2）

空间思维培养全书 1

按照箭头的方向拼接出2个新的三角形。

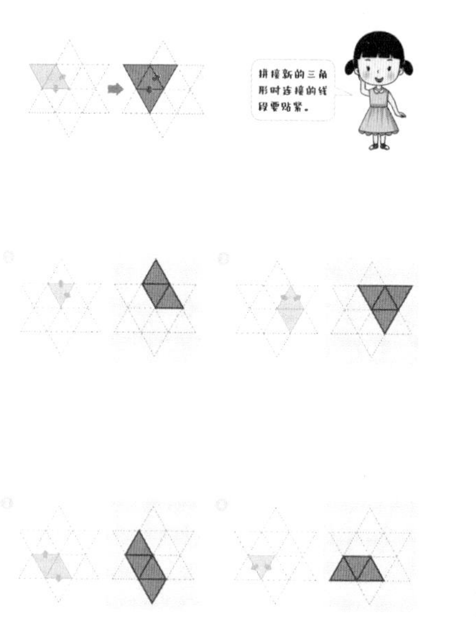

拼接新的三角形时连接的线段要贴紧。

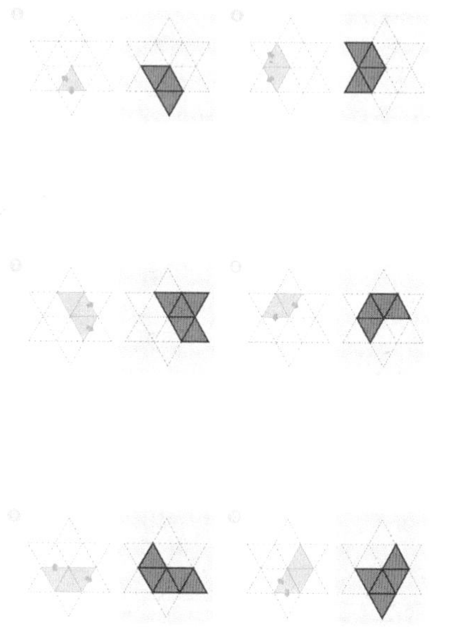

第4天 拼一拼

空间思维培养全书 1

画出左边2个图形拼接之后形成的形状。

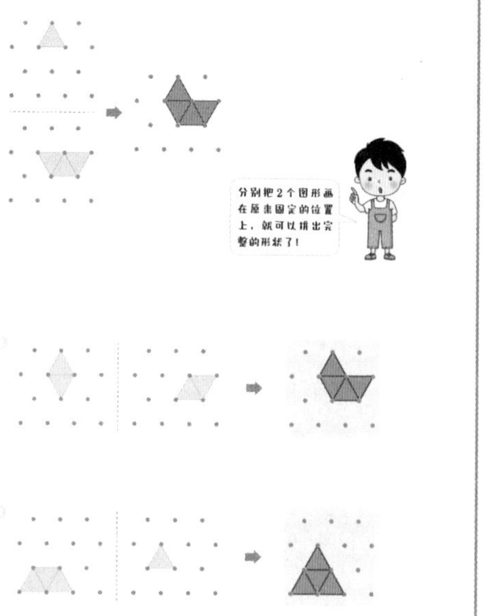

分别把2个图形画在原图固定的位置上，就可以拼出完整的形状了！

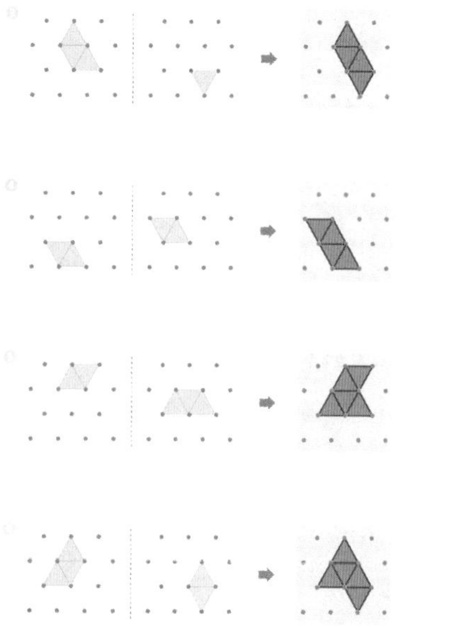

第5天 **找一找**

空间思维**培养全书** ①

在虚线左侧画出相应的图形，使得虚线左右两侧的图形拼接后形成右边的形状。

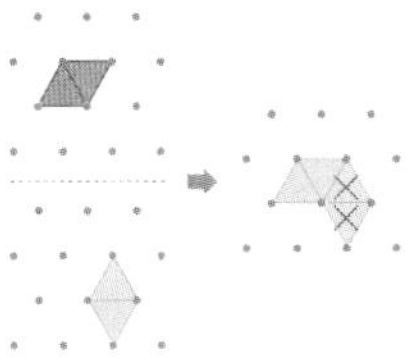

想象一下，在右图中去掉虚线一侧图形的样子！

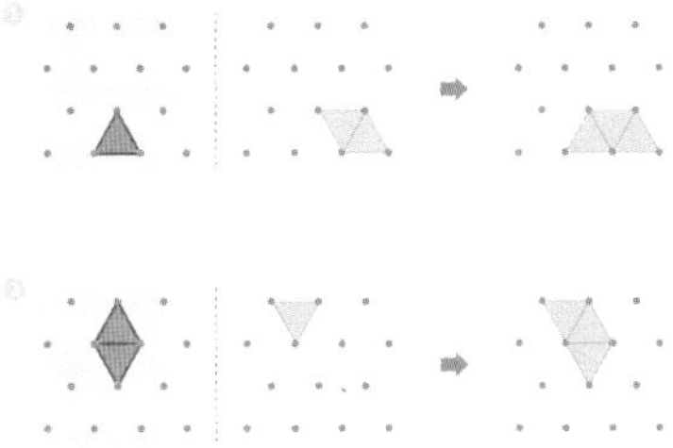

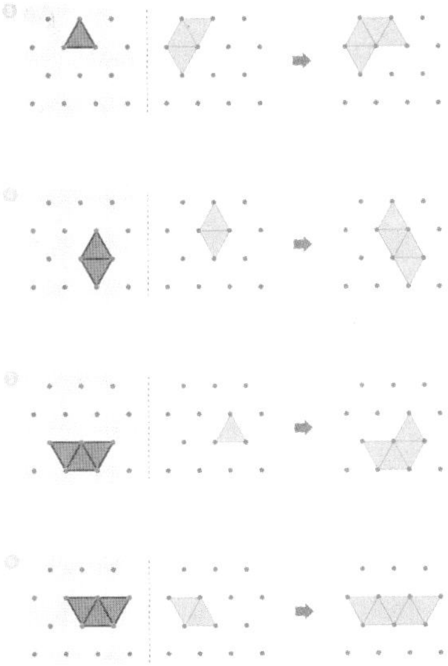

巩固练习

按照箭头的方向拼接出新的三角形。

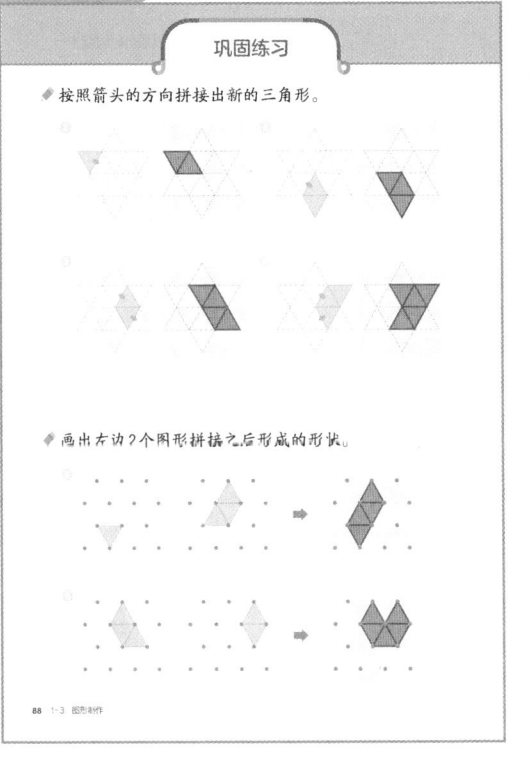

画出右边2个图形拼接之后形成的形状。

第 1 天　找正方形

找出右图中多出来的正方形，并用○标出。

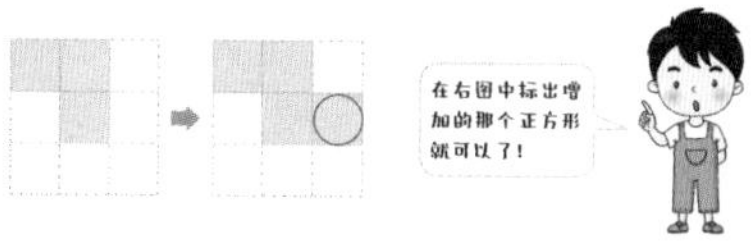

在右图中标出增加的那个正方形就可以了！

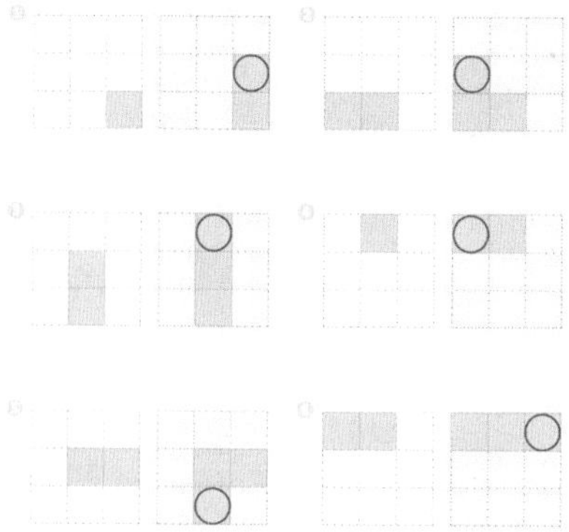

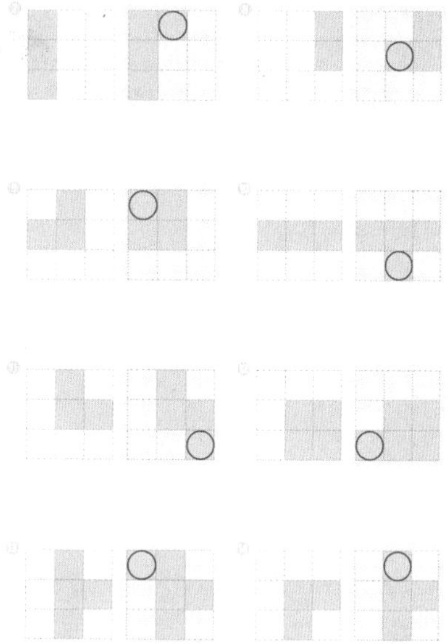

第 2 天　按方向拼接（1）

按照箭头的方向拼接出1个新的正方形。

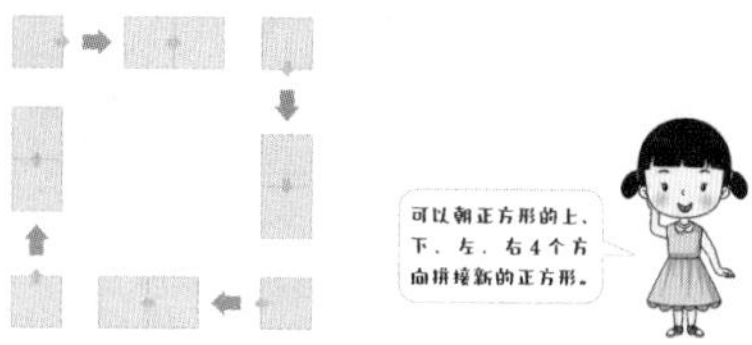

可以朝正方形的上、下、左、右4个方向拼接新的正方形。

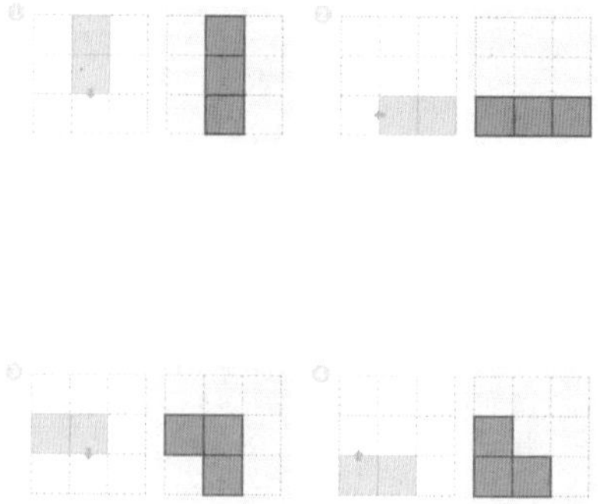

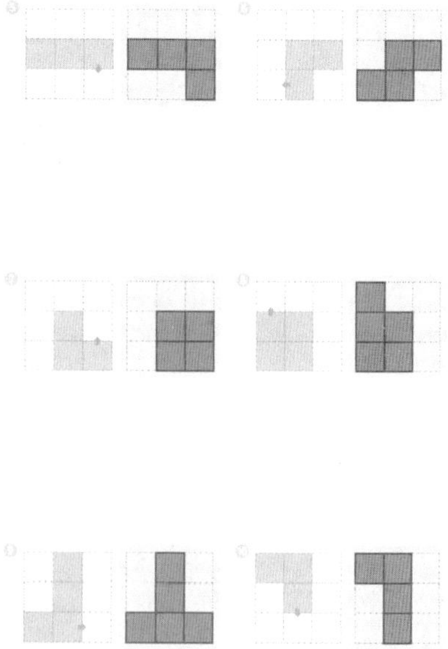

第3天　按方向拼接（2）

按照箭头的方向拼接出2个新的正方形。

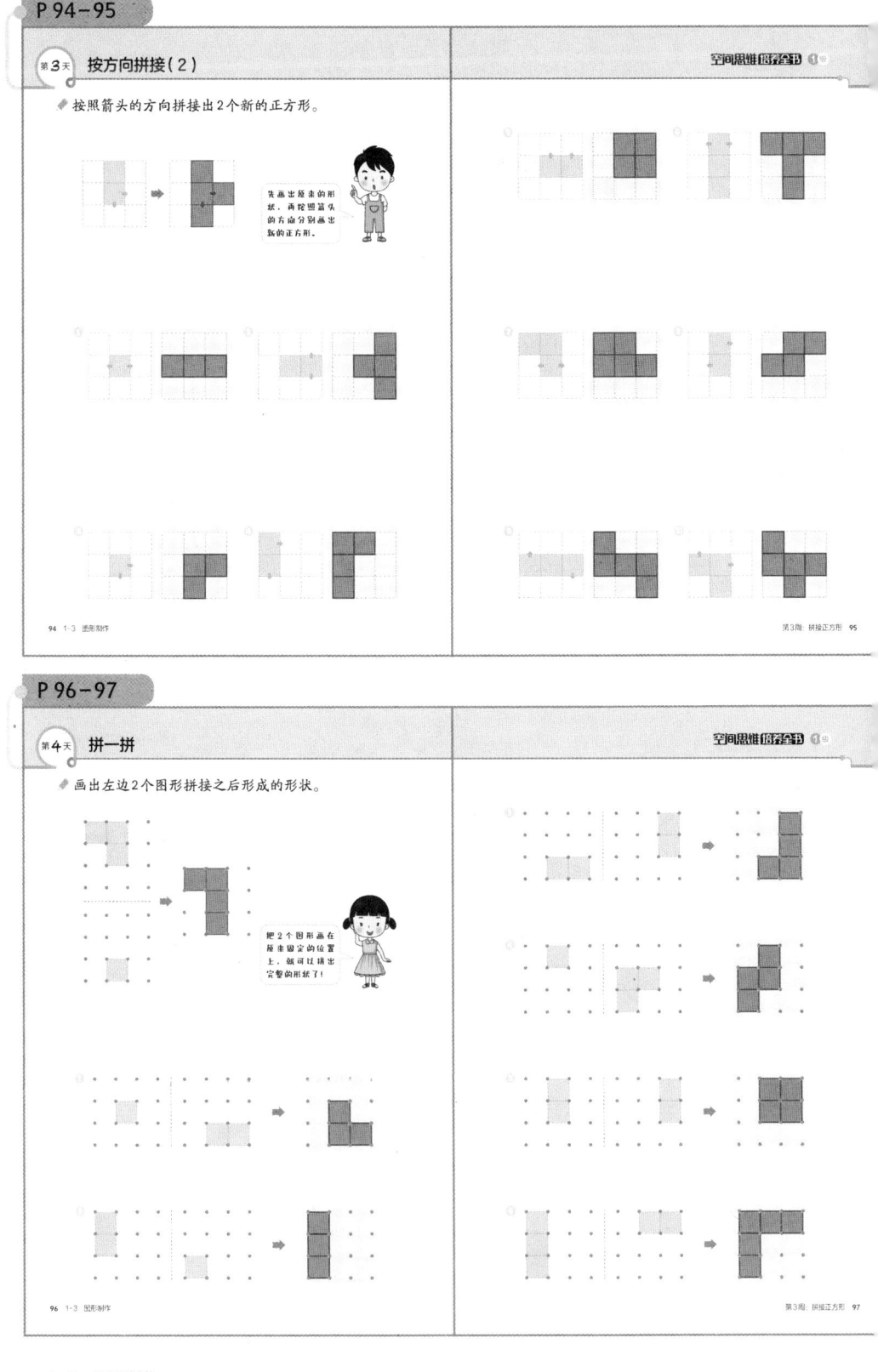

先画出原来的形状，再按照箭头的方向分别画出新的正方形。

第4天　拼一拼

画出左边2个图形拼接之后形成的形状。

把2个图形画在原来固定的位置上，就可以拼出完整的形状了！

第5天 找一找

在虚线左侧画出相应的图形，使得虚线左右两侧的图形拼接后形成右边的形状。

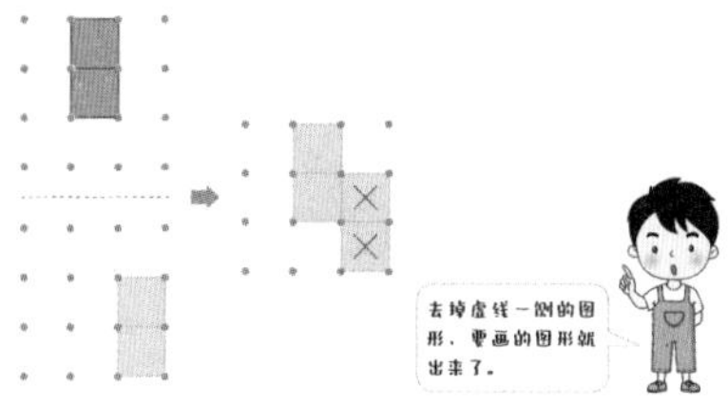

去掉虚线一侧的图形，要画的图形就出来了。

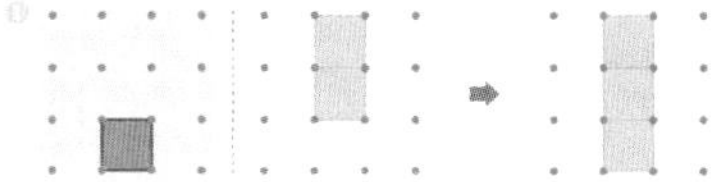

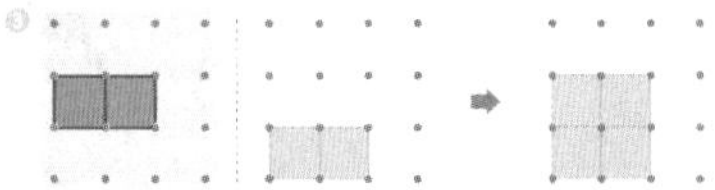

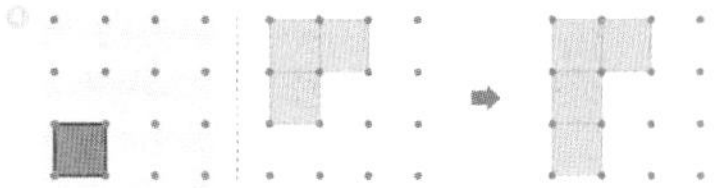

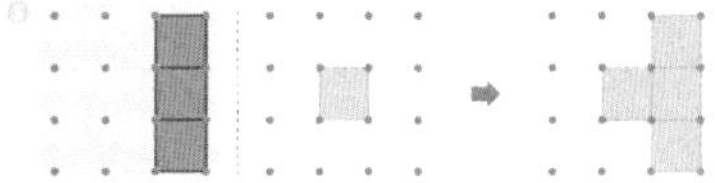

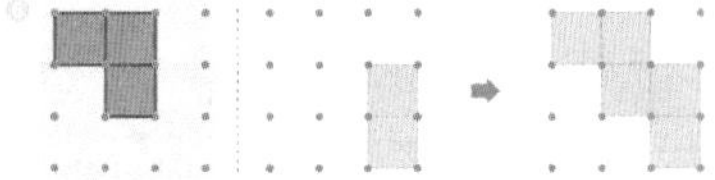

巩固练习

按照箭头的方向拼接出新的正方形。

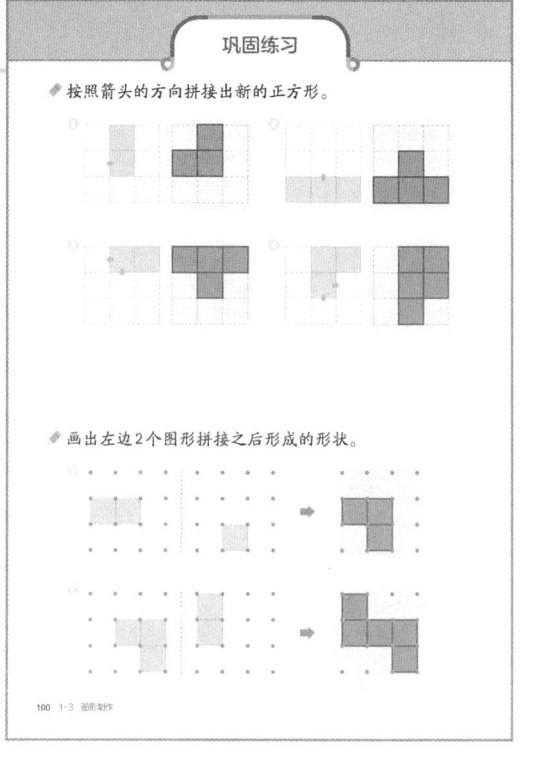

画出左边2个图形拼接之后形成的形状。

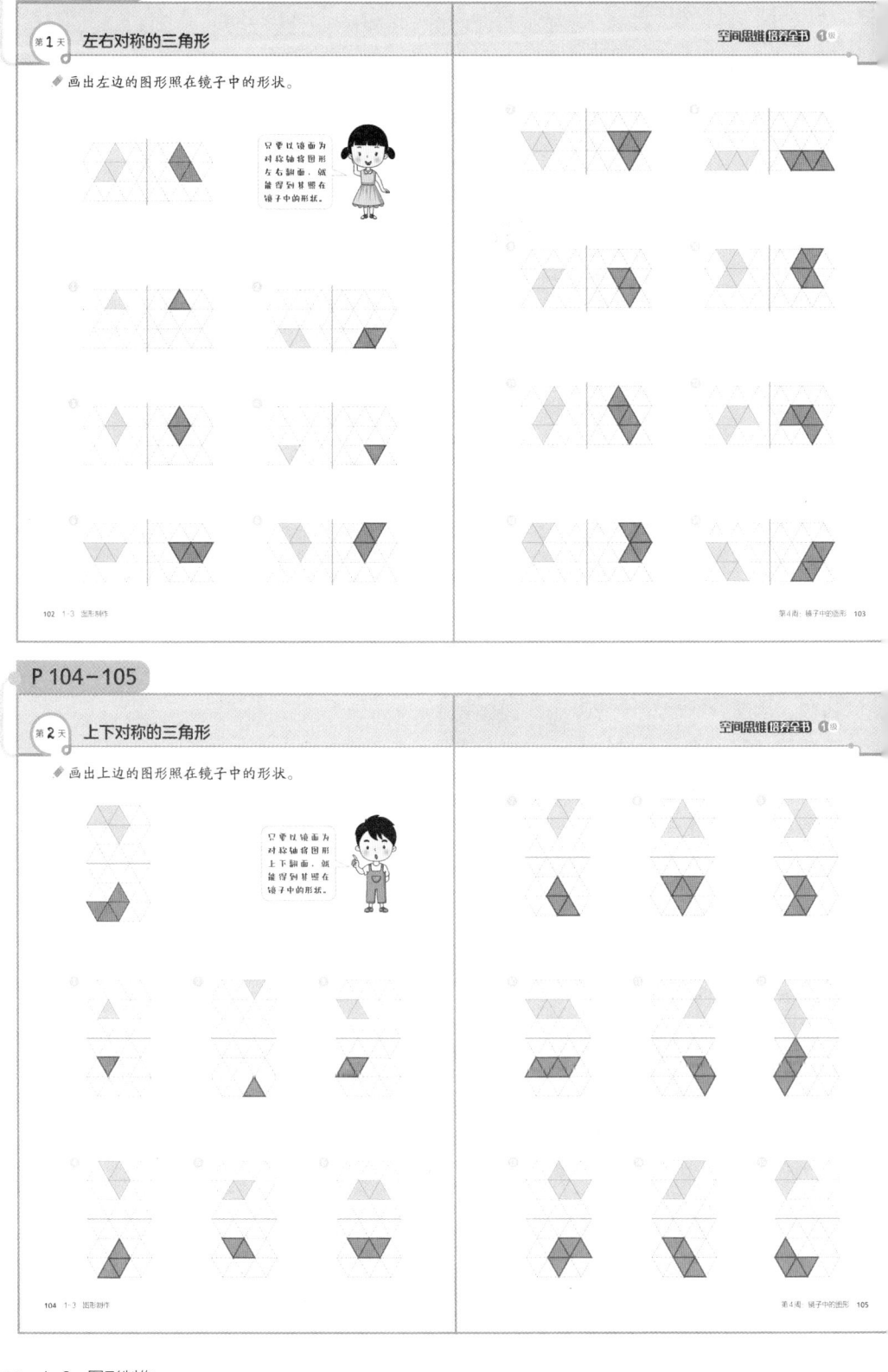

第**3**天　**左右对称的正方形**

✐ 画出左边的图形照在镜子中的形状。

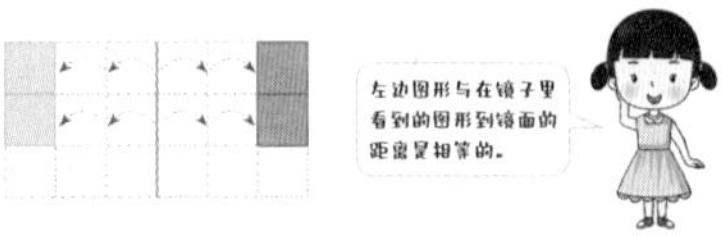

左边图形与在镜子里看到的图形到镜面的距离是相等的。

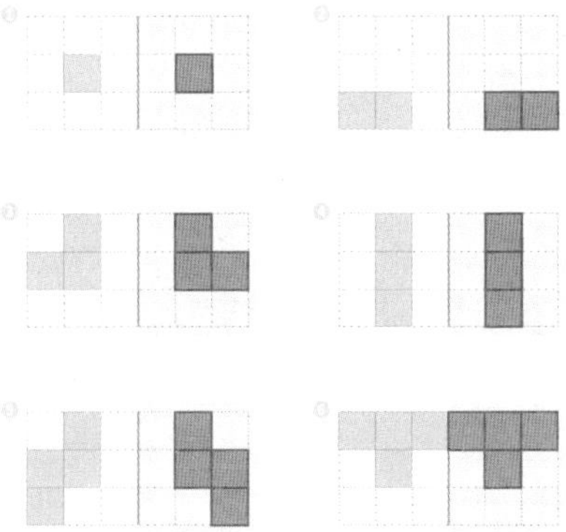

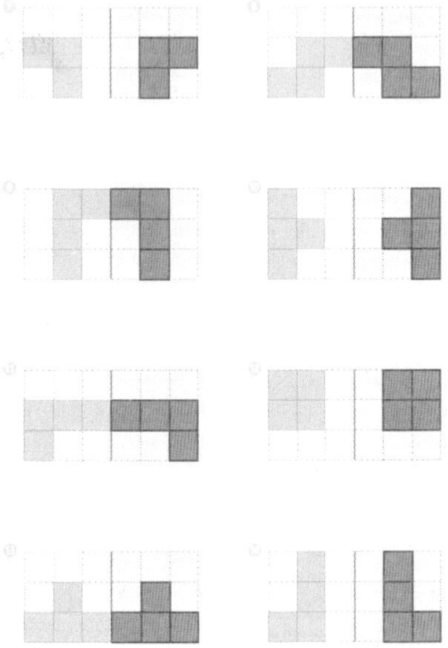

第**4**天　**上下对称的正方形**

✐ 画出上边的图形照在镜子中的形状。

原来的图形与照在镜子中的图形就像是我们脸面在对视一样。

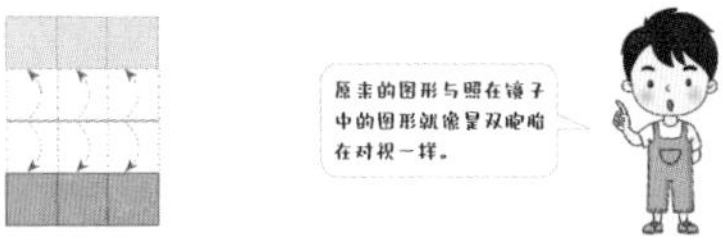

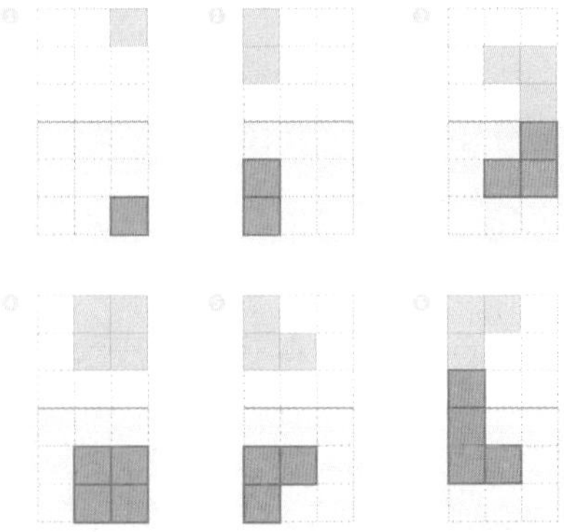

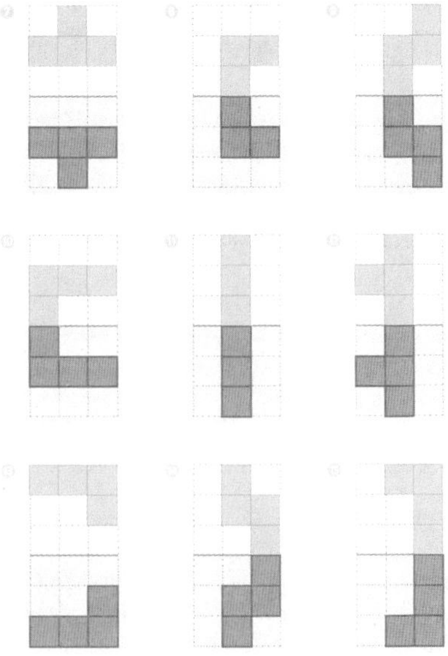

第5天 寻找镜子的位置

◆ 根据原图形和镜子中的图形，在适当的位置画出镜子。

在画个图形之间，距离它们相等的地方画一条线。

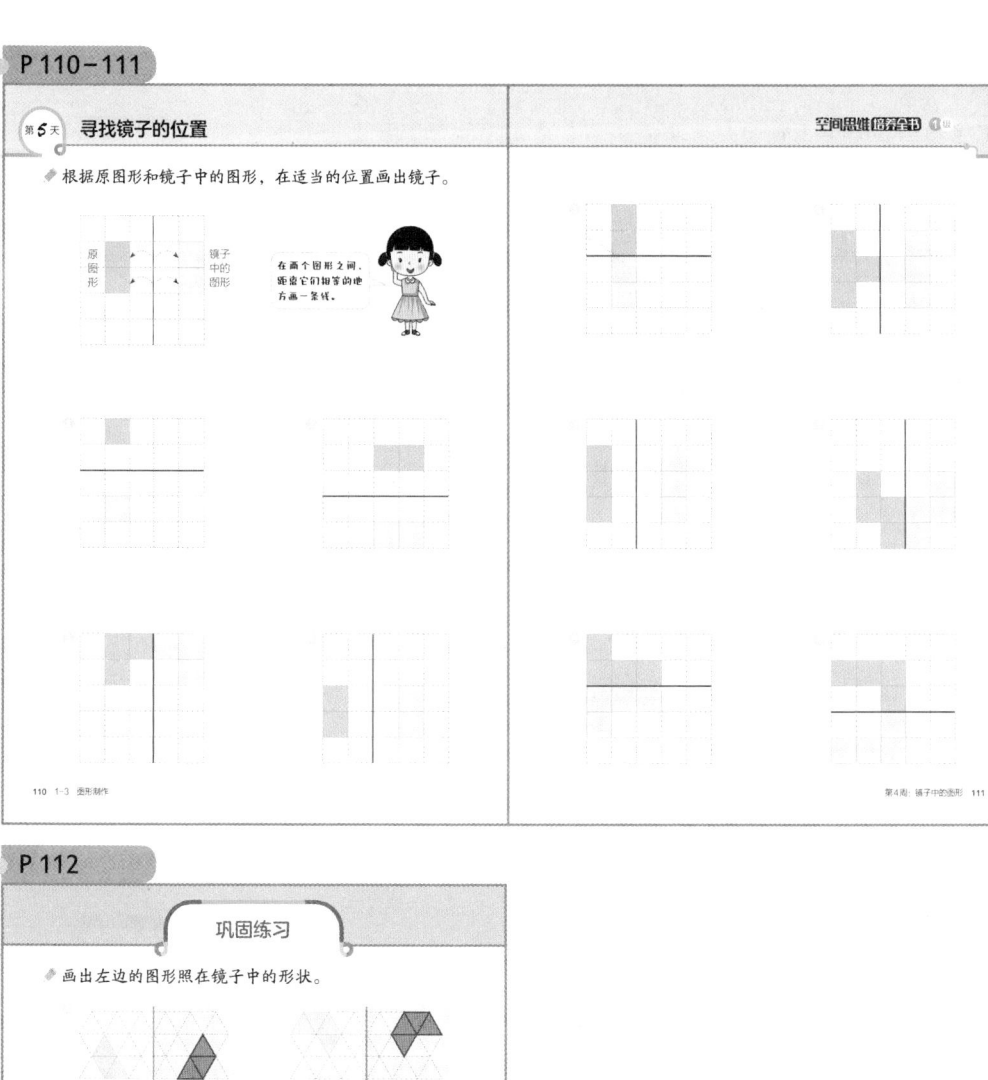

巩固练习

◆ 画出左边的图形照在镜子中的形状。

◆ 根据原图形和镜子中的图形，在适当的位置画出镜子。

P 114-115

第1回 评价测试

月 日
规定时间 10分钟
答对题目 /12

找出与左边长度相等的线段，并用○标出。

❶
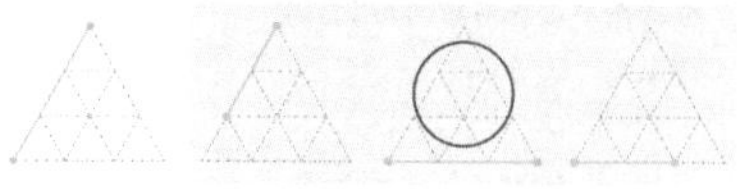

❷
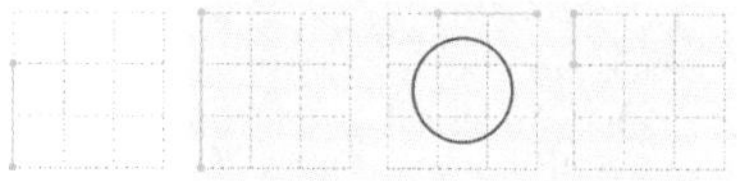

按照箭头的方向拼接出新的三角形。

❸
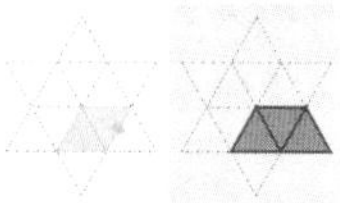

❹
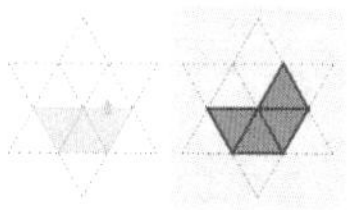

❺
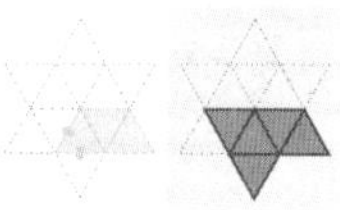

❻
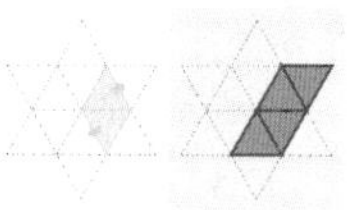

画出左边2个图形拼接之后形成的形状。

❼
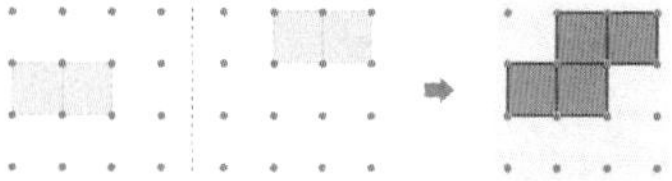

❽
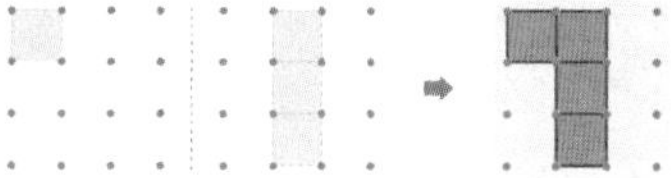

画出左边的图形照在镜子中的形状。

❾
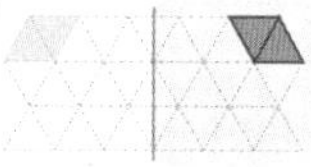

❿
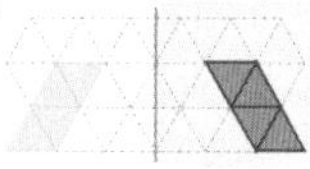

⓫
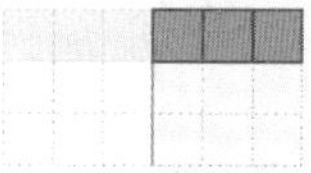

⓬
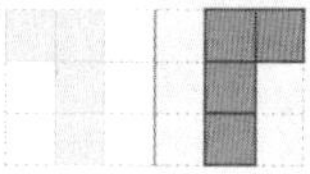

P 116-117

第2回 评价测试

月 日
规定时间 10分钟
答对题目 /12

根据已知的线段，画出长度相等的新线段，组成1个三角形。

❶
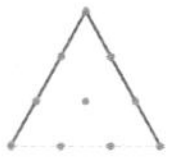

❷
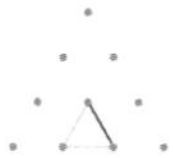

❸
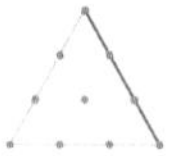

❹
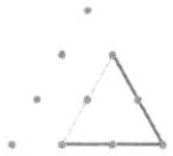

画出左边2个图形拼接之后形成的形状。

❺
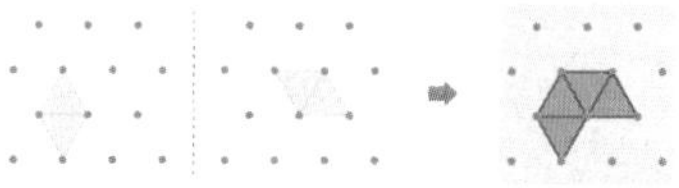

❻
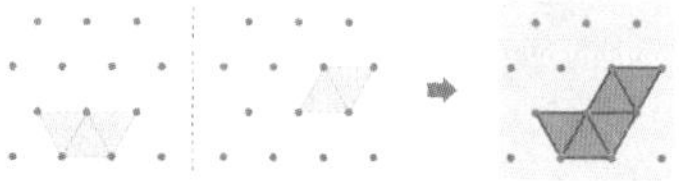

按照箭头的方向拼接出新的正方形。

❼
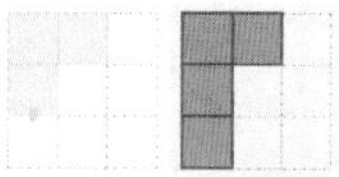

❽
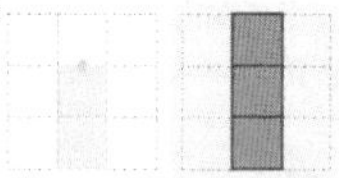

❾
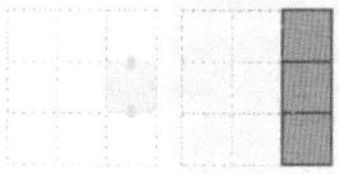

❿
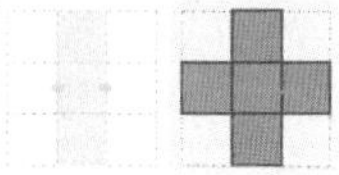

根据原图形和镜子中的图形，在适当的位置画出镜子。

⓫
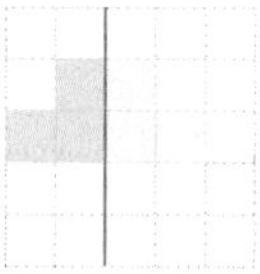

⓬
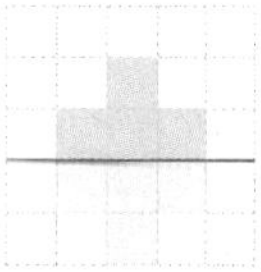

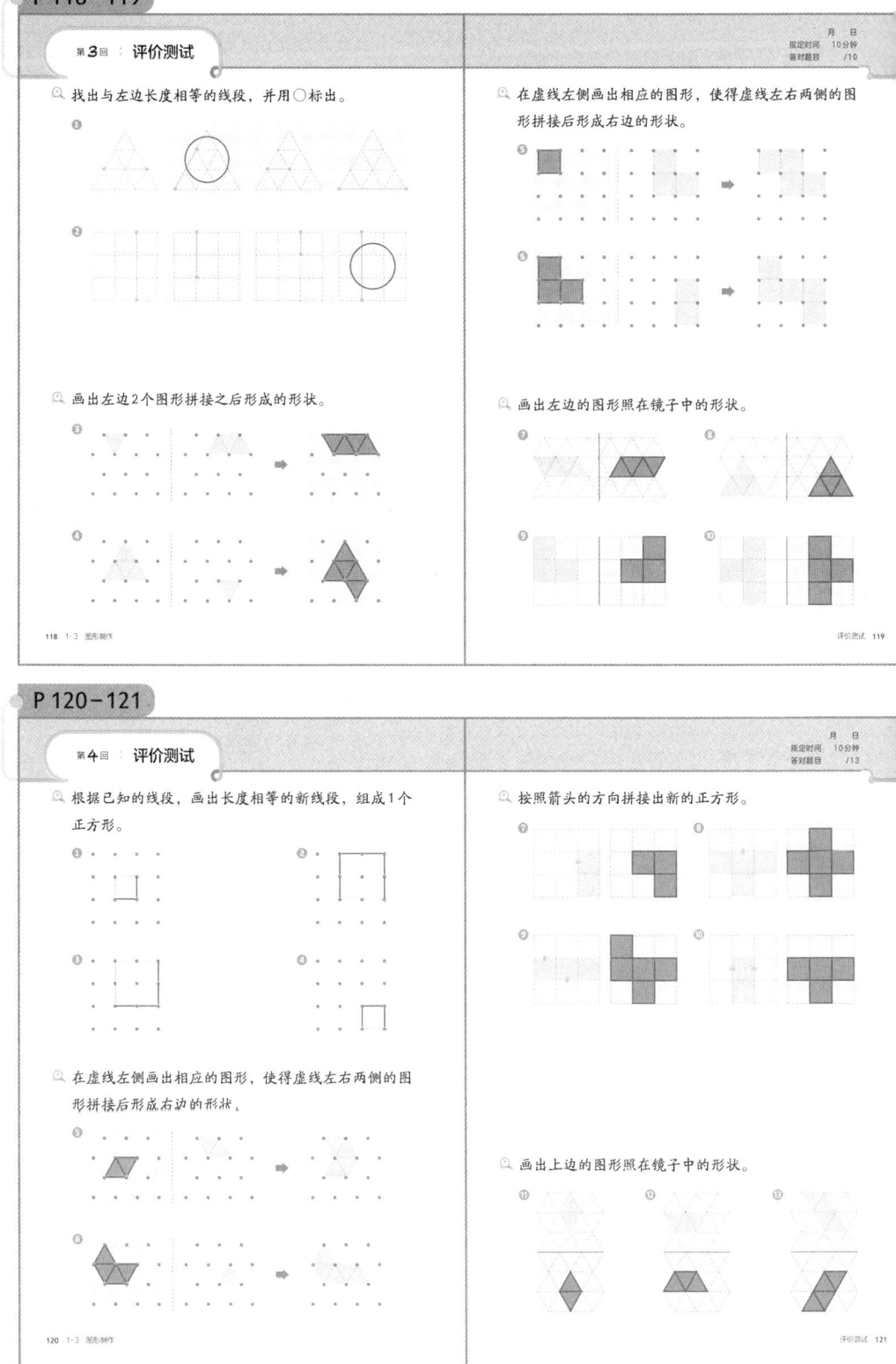

第**5**回 ： 评价测试

找出与左边长度相等的线段，并用○标出。

画出左边2个图形拼接之后形成的形状。

按照箭头的方向拼接出新的三角形。

画出上边的图形照在镜子中的形状。

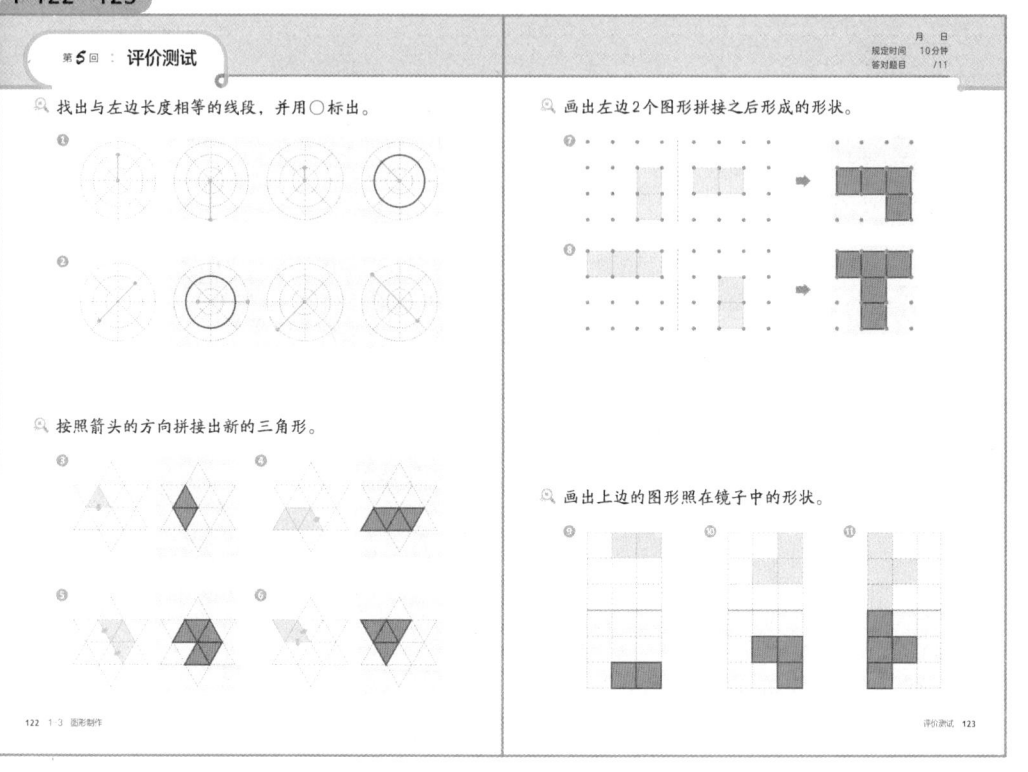